akeruE

# akeruE

### 平塚牧人的72道甜點工藝

# MAKITO HIRATSUKA

[akeruE：開路]
Reverse spelling of Eureka.
Means OPEN "あける" in Japanese phonology,
and literally translates into
"Open the pathway".

May this book open a new pathway to its reader.


akeruE 是尤瑞卡拼音的翻轉，
（編註：希臘文「發現的喜悅」之意，也是作者某個甜點名）
在日文中爲「開」的發音，
有開闢一條道路的意思。

希望這本書能爲讀者開出一條新路。


I dedicate this book to my loving sons,
Chocolate and Pistachio.

我把這本書獻給我心愛的兒子，巧克力與開心果。

# JORDI ROCA

米其林三星餐廳 El Celler de Can Roca 甜點主廚
獲頒《世界五十最佳餐廳》「世界最佳甜點主廚」獎項
《餐廳》雜誌「世界最佳甜點師」獎項

身為餐廳裡的甜點職人是非常榮幸的，我們的工作是完整一頓美味佳餚，我們的創作出現在菜單中鹹食結束後，當生理感到酒足飯飽時，那可能是最不必要的部分，但又是最重要的一部分，因為你最後吃的將會是你首先回憶起的。

在這樣的情境下，我們的工作得以發揮：創新、綺想、大膽、充滿趣味。為了使大膽的建議變得堅實可行，則需要融合技術，將甜蜜的想法轉化為實際的甜點。

Makito 具備這些特質，並將他們發揮得精練超群，我非常榮幸曾與他一起在 celler de can roca 工作，在餐廳歷史的關鍵階段，他是甜點團隊的一員，當時餐廳榮獲米其林三星，並在世界五十最佳餐廳中名列前茅。在這一個階段，我相信廚房裡的每個人之間都有著特殊的感情，深刻地記得身旁的每一個人。2008 年至 2012 年間我們共併肩作戰，在我的記憶中，Makito 充滿熱忱的專注與專業令人欽佩。

在從事甜點創作的過程中，最令人鼓舞的事情之一，就是遇到一個同樣熱愛投入其中的夥伴，而他就是這樣的一個人，Makito 在團隊中熠熠生輝，他豐富的想像力與才華，融合了高明的技術而達到完美的呈現，憑藉這種精神，他獻上令人讚嘆的甜點創作，透過出版這本書，慷慨地分享了他對甜點的概念：優雅的美學在概念和味覺層面達到同樣重要的平衡。

這份佳作可稱為是一份工具書，不單是啟發年輕人的甜點之路，我相信它將成為所有廚師和糕點廚師的參考書籍，共同慶祝和享受生活的味道。謝謝 Makito！

Los especialistas dulces de restaurante somos personas sumamente privilegiadas. Nuestro trabajo consiste en rematar una buena comida, aparecemos en la parte del menú donde acaba el salado, cuando la necesidad fisiológica de comer ha sido saciada,  es quizás la parte menos necesaria pero si la mas importante, por que lo último que comes es lo primero recuerdas.

En ese contexto se desarrolla nuestro trabajo se permite el juego, fantasía, diversión, atrevimiento.

Para que la propuesta mas atrevida tenga solidez se requiere de técnica para traducir esos pensamientos dulces en postres.

Maquito reúne esas cualidades y las lleva a la excelencia, he tenido la suerte de trabajar con el en celler de can roca, formaba parte del equipo de postres en una etapa crucial en la historia del restaurante, estuvo en el equipo el año en el que el restaurante consigue su tercera estrella Michelin y empieza a ascender de manera solida en los primeros puestos de la lista de 50 best restaurants, esa fue una etapa que creo que todos los que estábamos en la cocina en esos años recordamos con especial cariño y obviamente nos acordamos de a quien teníamos al lado, en mi caso me acuerdo de Maquito con mucho afecto y admiración profesional, tuve la suerte de trabajar con el de 2008 a 2012.

Una de las cosas mas reconfortantes de este oficio es encontrar a alguien enamorado de este oficio, este es su caso,  Maquito deslumbraba en el equipo, su brillantez imaginativa se una a una ejecución perfecta técnicamente. Con este espíritu nos presenta su gran obra dulce, al firmar su libro nos comparte de generosa manera su concepción de la pastelería, donde la elegancia estética anuncia un equilibrio igualmente importante a nivel conceptual y gustativo.

Esta obra esta llamada a convertirse en una herramienta no solo para jóvenes que se inicien en el mundo dulce, estoy seguro que se va a convertir en una obra de referencia para todos los cocineros y pasteleros que celebramos y disfrutamos del sabor de la vida.  Gracias Maquito!

*Jordi Roca*

# PACO TORREBLANCA

西班牙甜點大師
獲頒 1988 西班牙最佳甜點主廚、1990 歐洲最佳甜點主廚

我很榮幸為Makito的第一本書寫幾行字，這本書匯集了這位大師的軌跡，分享了他的知識與技巧，來協助我們在專業領域取得進步。

當我拿到這本書並仔細閱讀，它帶給我的是豐富專業知識。

在書中，我發現了許多新的想法與技術、獨創配方、豐富的知識和經驗的果實，我記得幾年前，Makito 毛遂自薦爭取到我身邊習藝。他在這待了一年半，在此期間他表現亮眼，對於專業的精進，他的熱忱與不斷學習的欲望，當時我就知道，隨著時間的累積他將成為一位傑出西點主廚。

誠懇的推薦，這本書是工作坊必要的工具。

Makito，預祝作品出版大大成功，這本書將協助我們所有人繼續成長。


Es para mí un honor escribir unas líneas para este primer libro de Makito, un libro que recoge la trayectoria de este gran profesional que nos aporta todos sus conocimientos y técnicas que nos ayudarán a progresar dentro de nuestra profesión. Siempre que tengo un libro en mis manos, me planteo que me aporta y que pueda enriquecerme profesionalmente.

En este libro encuentro cantidad de nuevas ideas, técnicas, recetas, fruto de un gran conocimiento y experiencia.

Recuerdo hace algunos años, cuando Makito me pidió realizar una formación de pastelería. Permaneció un año y medio mi lado, durante el cual me transmitió sus inquietudes por conocer esta, nuestra profesión, su pasión y sus ganas de seguir creciendo y aprendiendo. Supe, que con el tiempo llegaría a ser un gran profesional.

Sinceramente, este libro es una herramienta imprescindible dentro de nuestro obrador.

Makito, te deseo el mayor de los éxitos por este magnífico libro que nos ayuda a todos a seguir creciendo.

*Paco Torreblanca*
*M.P.E 1988*
*M.P.E. 1990*

# GAGGAN ANAND

Gaggan Anand 創辦人兼主廚
榮獲 2015-2018《亞洲五十最佳餐廳》亞洲最佳餐廳
2017-2019《世界五十最佳餐廳》亞洲榜首

記憶回到2016年我第一次聽到 Makito，當時的他就像個髮型師，把精美的糕點工具配戴在腰間。

當我看著他的創作，我不禁讚嘆而希望他加入我的廚房團隊，但那始終是個夢想。

任何主廚能邀請到他來創作：充滿開創性與冒險性的甜點，都十分幸運。而我也非常幸運的，自從第四次的合作以來，現在他已經是 GohGan 團隊的一員。

從那時候起，他便是我的家人、朋友以及最好的共謀者。

The very first time I have heard about him back in 2016, he appeared like a hair stylist with fancy pastry tools hanging around his waist.

When I saw his creations, I grew admiration for him to be in my kitchen team, but that dream is still a dream.

Any chefs will be lucky to have him to compose creative and adventurous desserts.

I am lucky enough that he is a part of the GohGan team now since the fourth collaboration.

Since then, he is my family, my friend and my fellow conspirator.

推薦序

# 福山剛 TAKESHI FUKUYAMA

米其林一星餐廳La Maison de la Nature Goh創辦人兼主廚
榮獲《亞洲五十最佳餐廳》入選名單


2017 年 5 月，我在「樂沐 Le Moût」的一場活動中，偶然認識Makito。

Makito給我的第一印象非常親切。

但從他手中所做出的甜點，有著讓人出乎意料的創意與令人驚豔的表現，讓我覺得這根本
是另一個人吧！（笑）

更重要的是，那恰到好處的和諧與震撼感官的美味 !! 我想，這是個命中注定的美好相遇。

之後不論是與「GohGan」的合作，或是我們臨時提出菜單設計的無理難題，Makito 總能
輕鬆的完美達成。這得要擁有紮實的基礎，以及非常豐富的經驗與知識，除了他，我想不
到第二個人。

最後，衷心期盼未來能繼續一起挑戰新事物。
Makito請多多指教！


僕がマキトさんと出会ったのは2017年5月の「Le Moût」でのイベントの時でした。
初めて会った時は親切で優しい方という印象でした。
しかしデザートを作らせたらクレージーな組み合わせ、サプライズな演出、全くの別人
じゃないかと思いました（笑）
そしてそのデザートがバランスがとれて、美味しいのでビックリ !!
素晴らしい出会いに運命を感じました。

その後「GohGan」でも、急に無理難題なメニューを頼んでも、いとも簡単にやっての
けるマキトさん。基礎がしっかりしていて、たくさんの経験、知識。
彼しか出来ない事だと思います。

これからも末永く一緒に新しい事を挑戦し続ければと願ってます。
マキトさんよろしくお願いしますね！

La Maison de la Nature Goh

推薦序


# 陳嵐舒 LANSHU CHEN

獲頒《亞洲五十最佳餐廳》2014年凱歌香檳亞洲最佳女主廚
獲頒法國知名莊園城堡組織《Relais & Châteaux》2016年年度女性大獎
曾獲法國知名莊園城堡組織《Relais & Châteaux》傑出主廚


作為甜品的世界級聖殿，法國在製作糕點上的工序其實比料理更加嚴謹，而且常常是有個既定框架的。但Makito就偏是個討厭框架的人（所以他不怎麼喜歡法國作派），即使骨子裡流著日本一貫追求細緻的血液，對他來說，自由奔放的西班牙更加有趣、更加有生命力。這樣的矛盾與執著，奇異地與樂沐合而為一。四年的合作直到2018年底樂沐結束，我最值得驕傲的成績之一，是我們這兩個怪人主廚，在天馬行空之餘，總能將我們各自對鹹與甜的理解，在菜單中巧妙融和、不露痕跡。

喔，是的，他是怪人，在多年之後我終於能一吐心聲。當Makito每次指著我說：「妳真是個artist，不計後果只做自己想做的事！」並畫清界線、自詡是尊重市場機制的專業artisan（匠人），我心裡就默默送他一對白眼──明明這人才是徹底不管外界眼光的古怪藝術家啊！問他餐後能不能如法國傳統給客人送上幾顆巧克力糖結尾……

「不要。」為什麼？
「因為我不喜歡做巧克力糖。」

希望Makito做幾款以巧克力或焦糖為主題的外帶甜點，唸了幾年，到最後還是沒有下文……因為他對這麼平庸的大眾題材沒有靈感。

沒錯，這些年，我有過想掐死他的欲望，但又老是被他「有靈感」的作品給感動折服，只好每每鬆開青筋畢露的雙手……畢竟這樣的才華實在難得，有紮實功架但絕不落俗套窠臼，各種素材的結合、起承轉合有理有據，可不是時下一般廚師最熱愛的瞎搭；對我一貫吹毛求疵的批評要求也能全數接受（除了巧克力），力求突破。樂沐給了Makito一個恣意創作嘗試的舞台，Makito則為樂沐帶來在亞洲極少見的（高規格的）餐後甜品，完整了整個用餐體驗的藝術高度。

能在台中遇見這麼奇妙的緣份，我非常感恩；對於能為他撰寫一篇推薦序，除了歡欣榮幸，更是義不容辭。這一本書集結了他多年來的甜品創作，展現了Makito對食材、滋味、質地的理解與思考邏輯，遠不只是一本食譜工具書而已。如果想照本宣科自然容易，但如果您懂得細細品味，才會有意想不到的驚喜收穫。

## 自序

# 甜點師與異鄉人

每位甜點師的生命經歷，都會反映在自身的甜點創作中，我也是如此。在日本出生、美國求學長大、法國學藝、西班牙知名餐廳工作，之後回到亞洲，走過新加坡與台灣，若問我覺得自己是哪裡人？我會回答：「I feel like a stranger.（我覺得自己像個異鄉人。）」

雖然在日本出生，但我並不是那麼的日本，很多日本人應該會覺得我並不像日本人；雖然在美國長大，但我的英文並不完美，一聽就知道跟當地人不一樣。但或許也就是這些特別的異鄉經驗，讓我總是很容易就適應各國文化，並將不同的文化特色轉爲符號，加入我的想像與詮釋，創作成甜點。

東方文化內斂藏鋒，對於自然的運作，有著深刻細微的體會，春櫻、夏竹、秋楓、冬雪，我在和菓子裡看見生活的美感及韻律。而西方世界的奔放活潑，顛覆了我原有的世界，瞬息即逝的無形氣味竟可以化爲有形，新型態的烹調技法讓甜點有更多的樣貌。從東方傳統走向西式現代，對我來說，這是個暢通無阻的雙向道，帶我走向遼闊自在的世界，我悠游自在、如魚得水。

生命旅程的點滴片段，組成了現在的我，一個異鄉人般的甜點師。我是個觀察者，保持著好奇心，時時採集著生活中的靈感。但說眞的，我雖然能夠迅速融入各國文化，這些即時的意象捕捉卻是廣而淺的，不論這是優點或缺點，都是我自身的特點。在甜點的創作中，每個異鄉，都成爲我的鄉愁及養分。

我跟許多立志成爲廚師的人一樣，從小就看著媽媽在廚房做菜的背影，還會拿筆記下料理的作法、步驟，那時直覺很好玩，也是第一次發現自己對料理感興趣。我喜歡透過雙手實作，從零開始，看著手中的作品一點一滴完成，樂在其中。

若說法國與日本爲我的甜點技藝奠基，那麼西班牙則帶我看見世界外的宇宙，閃耀著目眩神迷的星輝。在西班牙，我遇見生命中三位重要的恩師，讓我的腦洞大開、跳脫侷限，所有不可能都變成可能。

## Paco Torreblanca

第一位是 Paco Torreblanca，他是西班牙國寶級甜點大師，我跟他毫無淵源，只因爲一本甜點著作而認識了他。那是 2006 年，當時我在法國諾曼第一家甜點店工作，放假時，會和朋友一起到巴黎吃甜點、逛飲食書店，正期望從平凡日子中跳脫。才翻開 Paco 的甜點巨作，我整個人就陷入其中，原來甜點也可以如此活潑，像是雕塑般，三度空間的立體呈現，不管從哪個角度觀看，都有千萬姿態。

那一刻，我感覺到自己原有的甜點世界像是烤布蕾上頭那層細薄的焦糖，Paco大師拿了支湯匙，哐的一聲，一下就敲破了脆弱的糖衣，我聽見心裡一個清楚的聲音：「這才是我想要走的路。」

回諾曼第之後，我立即寫了封信給Paco毛遂自薦。那年，我27歲，一句西班牙文也不會說，但我不曾猶豫害怕，甜點就是共同語言、就是我的全世界，我要跟世界級大師一起工作。很幸運得到機會跟著Paco工作一年半，學習進階的糖工藝及巧克力技巧，這些是我日後更能隨心所欲變化甜點的重要技能。

對我來說，Paco亦師亦父，記得頭一年到西班牙，碰上耶誕夜，隻身在外的我無處可去，當Paco邀我跟他全家一起過節時，我既激動又感動，深深感覺到，能做出美味甜點的人，一定也是內心溫暖的人。

我也永遠記得師父對我的當頭棒喝：「你的腦袋太古板、太保守了，應該打開心扉。」後來的甜點之路，我一直捧著這句話，提醒自己要記得盡情揮灑、毫不設限。Paco今年68歲了，仍在不停進展，為甜點創造出新穎風格。在我心裡，Paco永遠獨一無二。

## elBulli

早在1999年我就聽說過elBulli，當時我還在法國唸書，在二十世紀末，有件事深深觸動震撼了我。elBulli的甜點主廚Albert Adrià出版了一本食譜書，展現一道道他為餐廳製作的甜點，而且甜點所使用的盤子，絕大多數都是專為餐廳而設計的。當時還是菜鳥的我，雖然無法全盤理解那些高超的技法，卻為之著迷。Albert極具實驗性的甜點，走在時代前端，是我從未想像過的風味及元素。

從歐洲回到日本之後，我開始了職業生涯，在甜點店工作。就在幾年後的某一天，竟又在一本飲食雜誌上讀到「elBulli」，這間西班牙的傳奇餐廳，終於跨過重洋，抵達東方，留在我心底。

因此，當我後來有機會再到歐洲工作，就把進入elBulli當成目標，夢想成為餐廳一員，學習製作盤式甜點。在當時，真正理解糕餅舖甜點與餐廳甜點差異的主廚並不多，很多餐廳只是把原來的蛋糕解構，然後在旁邊放上一球冰淇淋，如此而已。我一直記得第一次看到elBulli甜點書時的強烈印象，那不是我想像得出來的風味或是食材組成，Albert的甜點更具哲學美感及詩意，直入我情感最深處。

結束了Paco甜點舖的學習旅程，我唯一想去的地方，就是elBulli。那時我問Paco是不是有可能，他想了一下後告訴我：「可以的。我會親自打電話給Ferran Adrià（elBulli主廚）。」

2008年春天，我取得進入elBulli這座飲食仙境的珍貴門票。elBulli位於Cala Montjoi，座落在國家公園的山海交會之處，有著地中海美景，氣候舒適宜人，那時的我，無法想像在如此寧靜的區域，竟有座舉世聞名的美食聖殿。

elBulli在當時已經相當火紅，餐廳每年會收到超過5,000份的廚師履歷，我進去的那一年，僅錄取50位廚師，烘焙團隊只有4人，而我是廚房裡唯一的亞洲人。我還記得，廚房的第一天是從團體會議開始的，50位新進成員，以及包括3位主廚在內的10位固定職員，全體與會，主廚Ferran Adrià向大家宣佈新的一季餐會即將展開。

接著，來自世界各地的主廚們就開始自我介紹，無庸置疑，他們的資歷亮眼，都是米其林或知名餐廳主廚的門生。我像是把自己放在飲食界的特種部隊，知道自己因為缺少餐廳經驗而有些惶恐，但為了在最短時間內達到最高標準，我拼了命加快腳步，期望自己成為超級部隊裡的頂尖成員。不只是我，每個人都拼了命在進步。

我很幸運可以跟Albert Adrià一起工作，是那本他寫的食譜書，帶我走了段長遠的路來到這裡，而這也是他在elBulli的最後一年。那時，我問了Albert一個放在心裡許久的問題：「到底餐廳應該給客人什麼樣的甜點呢？」他告訴我，「甜點必須為一餐寫下難忘的句點，串連起每道菜色帶來的特殊體驗；主廚要竭盡所能，發揮自身的想像力及技巧來製作甜點，觸及客人內心最深處。」從Albert身上，我學到了創作的基礎，訓練自己擁有理解客人的感官能力，透過甜點去自我表達。在elBulli之後，我逐漸找到自己想傳達的甜點風格，讓客人在品嘗我的甜點時，感到難以忘懷。

我常被問到在elBulli工作的經驗，卻不知如何作答，因為大家會期望聽到一些浮誇的技巧或神奇的化學變化，當然，在廚房裡會利用低溫達-196℃的液態氮或是不同的粉末來製作料理；但事實上，elBulli也跟其他餐廳一樣，廚師們必須忙碌的在廚房穿梭來回，不停切煮各種食材，講究基本工序。

我更是見識到elBulli對於開發食材可能性的用心程度，這裡使用的食材種類來源是其他餐廳的三、四倍，讓我迅速累積了大量的食材知識。非洲及中東來的香料、大西洋的海藻、德國為糖尿病患者特製的糖、西班牙境內最優質的農作物，來源打破國土疆界，從不畫地自限。而讓我念念不忘的，還有跟這群部隊好友一起在Cala Montjoi並肩作戰的回憶，奠定了深厚友誼。

2008年秋天，elBulli結束了當季的餐會，我帶著這份得來不易的資歷離開，它像是本黃金護照，能夠帶我飛往任何我想去的飲食新世界。

## El Celler de Can Roca

我的餐廳甜點旅程繼續延伸，來到西班牙加泰隆尼亞的知名餐廳El Celler de Can Roca，為了向甜點主廚Jordi Roca學習。

若說Albert的甜點風格是精緻細膩，那麼Jordi Roca就屬於自然直覺派，他的創作經常來自於看不到也摸不著的感官知覺，像是他的香水甜點，就是體悟出香水的香調和甜點食材能相互呼應，而著手製作了「可以吃的香水」。

Jordi的創作讓我霎時感覺到，這就是我想待的餐廳。那時的我雖滿懷自信，卻身無分文，我需要正式的工作與收入，而非無薪的實習工作。我使出渾身解數，展現出所有技巧，尤其是承襲於Paco的拉糖藝術及巧克力工藝，還有我在elBulli學到的知識，要讓整個廚房都看見我的實力。那些年，我深刻體會到，在廚房裡，技術就是廚師相互溝通、彼此了解的方式。

我告訴Jordi，我是多麼想跟他一起工作，想要有更多的激盪與學習，他聽了很高興。隔天，我願望成眞，加入El Celler de Can Roca，餐廳名稱的原意就是「Roca家族的酒窖」，我正式成爲這個大家庭的一員。

Jordi可以說是眞實世界中的Willy Wonka，這位兒童小說《查理與巧克力工廠》中的人物，是全世界最有創意、最受歡迎的巧克力製作者，跟Jordi工作就有這樣的感覺，他總是精力旺盛、腦子裡滿是點子，永遠在實驗未知的食材、研究新的機器。他揮揮魔法棒，不能吃的東西也變成可以吃的，但這點說來話長，我在這邊就不贅述了。我一直希望能參與Jordi的研究創作，但無奈我和餐廳實在都太忙碌了。

那時的Roca，正朝向世界最佳餐廳之路邁進，餐飲界不時傳出Roca即將取得米其林三星的風聲；我覺得自己很幸運，能在此時參與Roca，跟Jordi一起研發食譜。某個平常早晨，一通電話響起，耳邊傳來：「我們得到米其林三星了！」隔天，看見自己出現在地方報的頭版上，跟著Roca兄弟一起在廚房慶祝、擁抱，一手拿著香檳，另一隻手比出三根手指，代表著餐飲界最高榮譽三顆星。

在精緻料理餐廳工作，我所學習到的遠超過甜點本身，整個蓬勃發展的美食世界在我眼前展開，賞心悅目的料理就在身邊，我充滿好奇之心，連眨眼都捨不得。我覺得自己像是一隻地中海的鮪魚，在西班牙海岸的舒適天氣裡，沒有敵人會傷害我，我可以自在茁壯，以自信的堅強心志漫游。

人生的轉折點落在2011年，東日本發生了嚴重的地震，引發海嘯，造成重大傷亡。那時我正在廚房工作，同事告知消息，我趕緊跑去看電視新聞，震災訊息一點一點慢慢從遠東傳到了我所在的西歐。日本的家人在第一時間無法聯繫上外婆，她當時已經90歲，獨自住在受創嚴重的宮城縣；後來我們足足花了一週的時間，才和外婆聯繫上，心裡焦急萬分。

那時我對自己感到失望，覺得自己很沒用，家人有難，我卻幫不上忙。我們的距離太遠了，14個小時的飛行時間，一年只能和家人碰一次面。我很愛西班牙，也很愛El Celler de Can Roca，但我知道是時候了，是時候離開了。

在西班牙六年，有三年半是在El Celler de Can Roca度過，這是我生命中最珍貴的記憶與寶藏。我總記得，告別西班牙的那天早上，Jordi送給我一段話：「世界再大，我們總是有機會在這個小廚房世界裡碰面的。要保重啊，兄弟。」

我於是帶著祝福與信心回到亞洲，開始另一段人生甜點旅程。在新加坡工作了兩年之後，又來到了台灣。

在台灣已經有六個多年頭了，很高興這段期間在樂沐得到許多發揮空間，我對甜點的想像得以實現，創造出許多作品，也得到很多正面回饋，促使這本書能夠誕生。

關於書中的創意發想與食譜細節，我全盤托出、毫無保留，心裡自我期許著，如果未來有某位年輕主廚，以及其他領域的專業人士，因受這本書啟發而有更多精采的創作，那對我真是莫大的榮幸與鼓勵了。

# CONTENTS

關於食譜

A 糖水的比例
　10%=100 克飲用水配上 10 克的砂糖
　20%=100 克飲用水配上 20 克的砂糖
　30%=100 克飲用水配上 30 克的砂糖

B 加熱
　加熱方式皆爲電磁爐加熱
　甜點皆以萬能蒸烤箱蒸烤

C 食譜內的份量標準
　吉利丁片爲銀級／140 凍力值（使用前請先以冰水泡軟）
　Q/S＝適量

# PLATED DESSERT

對我來說，製作盤式甜點就像執導一部電影，而食材就是演員。每個角色有不同的個性與風格，出場順序會有先後不同，戲份鏡頭也有多寡之分，所有的安排都是為了故事的高低起落，最後才能構成一部精彩的電影。

電影中會有正反派角色，不是每個人物都討人喜歡。同樣的在盤式甜點中，我會試著去安排一些苦味或酸味，它們單獨存在可能不好吃，但和其他滋味組合在一起，就會改變甜點的風貌、增加記憶點。

我會使用各式新舊不同的技法去呈現盤式甜點，包括分子料理手法，甚至也有製作日式和菓子的技巧，我並不拘泥於特定烹調方式，只要它能達到我想呈現的狀態，就是適合的方式。就像電影裡的演員有資深有資淺，沒有所謂的好或壞，而是要看導演如何去運用安排，讓每個角色都能得到最大的發揮。

一次次反覆試做、品嘗，甜點才能達到我最滿意的平衡狀態。透過這樣的自我訓練，我馬上就知道這道甜點缺了什麼，柔軟度、甜味、質地或是濕潤度？我手上從來沒有既定的食譜，每次都是從零開始，嘗試到我滿意為止。

整道甜點從概念到完成，我享受著得到「EUREKA」（我知道了！有了！）的快樂，像燈泡通電發光那刻的璀璨，一種靈光乍現的快樂。從我自身的技巧與經驗出發，去克服過程中的每個問題，一次又一次的探索與發現，總是給我如沐春風、深受啓發的感動。也希望每位觀眾都能和我一樣，浸淫其中。

# KYOTO ARASHIYAMA

京
都
嵐
山

「我到現在還是沒去嵐山。」每次我這麼一說，總會收到許多驚訝的眼光。雖然身爲日本人，但我在美國求學、成長，眞正待在日本的時間並不算長，跟許多人一樣，我一直很嚮往日本豐富多彩的四季更迭。

我的甜點設計都是從「概念」開始的，先有一個想法，再從味覺、視覺不斷的做調整。「嵐山四季」是我在樂沐第一年的創作，那時我想以「季節性」爲主題，運用在地食材，讓不同時節的風貌呈現在盤中。當時第一個浮現在我腦中的念頭，就是「京都嵐山」；京都有種神奇的魔力，不論你是否曾經造訪，那「春櫻、夏竹、秋楓、冬雪」的畫面，已像是桃花源般，深印在我們心中了。

我希望把這些場景帶到客人眼前，讓品嚐者身歷其境、如臨其景，甜點端上桌那刻，我總能看見他們既驚喜又開心的神情。美好的構思，還需要透過細緻的技巧來實現，爲了構築出電影般的場景，我利用「米漿」來製作我需要的「道具」，像是秋日的楓葉，或是冬季枯山水庭園裡的立傘，造型可以千變萬化，其實都是米漿製品。製作方式就在食譜中，希望能爲大家帶來美麗的靈感。

# SPRING BLOSSOM
## 春櫻

春天是我最喜歡的季節，我也很喜歡櫻花。記得日本的小學門口，經常都會種一棵櫻花樹，每年四月櫻花盛開時，也是小學生開學的日子，孩子們精神奕奕的走過櫻花樹下，象徵著迎接新事物的祝福。

以「櫻花」作爲主味覺，是個具難度的挑戰，櫻花本身的味道很細緻，必須和其他食材取得很好的平衡，才不會被壓過。我加入抹茶，做成綠豆抹茶地瓜圓，稍具苦味，新鮮草莓則帶來酸度。整道甜點呈現的是輕柔淡雅，所有食材的存在都是爲了襯托出櫻花主味，不宜過多。而「微波海綿蛋糕」則是這幾年常見的甜點手法，將蛋糕麵糊裝入氮氣瓶中，打入氮氣，再將麵糊以微波加熱處理，蛋糕就會呈現出疏鬆多孔的質地，模樣像是「八重櫻」，小巧可愛，帶來春天的繽紛浪漫。

## SAKURA GELATO 櫻花冰淇淋

Milk 牛奶　300g
Cream 鮮奶油　225g
Sugar 砂糖　80g
Stabilizer 冰淇淋穩定劑　4.8g
Sakura paste 鹽漬櫻花醬　75g

將牛奶、鮮奶油、砂糖及冰淇淋穩定劑一同加熱至85°C。
隔冰降溫後加入鹽漬櫻花醬，以手持均質機均質，接著倒入Pacojet 容器中冷藏靜置隔夜。
使用前，置於急速冷凍冰硬，再以Pacojet 機器攪打即可。

## SAKURA PASTE 鹽漬櫻花醬

Salted sakura 鹽漬櫻花　Q/S
Sakura liqueur 櫻花利口酒　Q/S

鹽漬櫻花沖掉多餘鹽分後，浸泡於飲用水中半小時，擰乾多餘水分備用。
以食物調理機將1:1的櫻花與櫻花利口酒打成泥，用於櫻花冰淇淋與櫻花皇帝豆餡中。

## ALMOND SPONGE 杏仁微波海綿蛋糕

Egg white 蛋白　100g
Almond powder 杏仁粉　30g
Sugar 砂糖　35g
Cake flour 低筋麵粉　15g
Vegetable oil 植物油　15g
Almond water 杏仁露　10g
Red coloring 食用紅色色素　Q/S
Sakura liqueur 櫻花利口酒　Q/S

將除了櫻花利口酒以外的所有食材以食物調理機拌勻後，靜置於冰箱5小時。
將麵糊倒入氮氣瓶中，打入兩罐氮氣。
先將紙杯底部戳三個洞，再將25克麵糊擠入紙杯中，用1000W 火力微波20秒後，取出倒扣於網架上放涼。
冷卻後脫模剝成適當大小，噴上櫻花利口酒。

## SAKURA CREAM 櫻花皇帝豆餡

White bean 皇帝豆　160g
Trimoline 轉化糖漿　80g
Échiré butter demi-sel 牛鹽艾許奶油　45g
Sakura paste 鹽漬櫻花醬　30g
Egg yolk 蛋黃　75g

皇帝豆煮滾後轉小火燉煮30分鐘，換一鍋水再煮30分鐘後，去皮過篩備用。
加入轉化糖漿拌勻，再加入軟化奶油、蛋黃拌勻。隔水加熱至能夠擠成線條的狀態，隔冰降溫備用。
最後加上鹽漬櫻花醬拌勻即可。

## GREEN BEAN AND MATCHA GNOCCHI 綠豆抹茶地瓜圓

Yellow sweet potato 黃色地瓜　300g
Kuzu starch 葛粉　140g
Potato starch 片栗粉　30g
Mineral water 飲用水　30g
Sugar 砂糖　50g
Matcha 抹茶粉　1.5g
Green beans 綠豆　60g

先將綠豆煮熟，濾乾放涼備用。
將地瓜蒸熟後壓成泥，加入剩餘材料用手拌成團，分割成每個8克後，放入冰箱冷凍。
將地瓜圓放入滾水中煮熟，冰鎮，浸泡於10%糖水（份量外）中備用。

## RICE PASTE 米漿

Mineral water 飲用水　1000g
Milk 牛奶　150g
Rice 白米　150g
Sugar 砂糖　120g

牛奶、白米、砂糖與飲用水一起加熱煮滾後，轉小火燉煮約半小時至黏稠粥狀。
用食物調理機打成泥糊狀過篩，冷卻備用。

## SAKURA PETAL CHIP 櫻花瓣脆片

Rice paste 米漿　125g
32% white chocolate 32%白巧克力　12g
Bread flour 高筋麵粉　30g
Icing sugar 純糖粉　30g
Red coloring 紅色食用色素　Q/S

將米漿與白巧克力隔水融化拌勻。
將巧克力米漿與剩餘食材拌勻，使用櫻花瓣模板將米漿抹於矽膠布上，以160°C烤7分鐘，出爐後塑形。
存放於乾燥保鮮盒中。

## PUFFED RICE 米香

Puffed rice 米香　100g
Sugar 砂糖　100g
Mineral water 飲用水　30g

將飲用水與砂糖煮至120°C後離火。
再將米香倒入作法1，炒至糖漿呈現結晶狀態。
接著放入烤箱以低溫將米香烘乾即可。存放於乾燥保鮮盒中。

## SAKE ESPUMA 清酒ESPUMA

Sake 清酒　100g
Egg white 蛋白　60g
Sugar 砂糖　12g
Gelatin 吉利丁片　1pc

將清酒與吉利丁片加熱至吉利丁片融化。
加入剩餘材料拌勻後，過篩。
隔冰降溫後倒入氮氣瓶中，打入一罐氮氣，置於冷藏中備用。

## TO FINISH

Strawberry 草莓
Dried Rose petal 乾燥玫瑰花瓣
Goji berry 枸杞
Dehydrated sakura 乾燥櫻花
White chocolate petal 白巧克力飾片

擠上櫻花皇帝豆餡。
依序放上綠豆抹茶地瓜圓、草莓、杏仁微波海綿蛋糕。
擠上清酒espuma、玫瑰花瓣、櫻花脆片、巧克力飾片、枸杞。
放上米香墊底後再放一球橄欖形的櫻花冰淇淋。最後再放上乾燥櫻花。

# SUMMER BAMBOO
## 竹庵

關於夏天，我想創造出澄淨輕盈的感覺，像是到竹林的小溪邊玩耍，心情都飛揚起來了。用果凍做出透亮感，作法很單純，將水、糖及吉利丁片加熱融化，再放進日向夏的果皮浸泡就行。日向夏是日本九州宮崎特產的柑橘類水果，滋味輕爽、香氣淡雅，最特別的是，它果皮與果肉之間的白色部分，具有咬感，甜香多汁，會跟著果肉一起吃，可以爲這道甜點帶來口感上的變化。

我也使用了西瓜果皮與果肉間白色的部分，紅色果肉富含水分、缺少咬感，但這稱爲「西瓜翠衣」的白色果皮卻有特別的脆度，我把它取下，浸漬在西瓜汁裡，以取得風味。爲了保持翠衣原本的綠白色澤，我特別將西瓜汁裡的果肉濾除，只留其味，不見其色。而這道甜點的重要「細節」則藏在竹子裡，看到了嗎？由蛋白霜所做成的綠竹上，帶著一圈圈極細的竹節，很費工呀。但也就是這些細緻的工夫能夠創造出驚喜，小竹節裡有大關鍵。

## CLEAR CITRUS JELLY 澄清柑橘果凍

Mineral water 飲用水　400g

Sugar 砂糖　40g

Gelatin 吉利丁片　4pcs

Hyuganatsu skin 日向夏蜜柑果皮　4pcs

將飲用水、砂糖及吉利丁片一同加熱至融化。

取下日向夏蜜柑果皮，浸泡於作法1中。

將作法2直接置於冷藏結成果凍備用。

## MATCHA GELATO 抹茶冰淇淋

Milk 牛奶　300g

Cream 鮮奶油　225g

Sugar 砂糖　80g

Stabilizer 冰淇淋穩定劑　4.8g

Matcha 抹茶粉　2g

將所有食材一同加熱至81.5℃。

隔冰降溫後以手持均質機均質，接著倒入Pacojet容器於冷藏中靜置隔夜。

使用前，置於急速冷凍冰硬，再以Pacojet機器攪打即可。

## KUZU MOCHI 葛粉麻糬

Mold：∅ 3×H1.5cm half sphere

Kuzu starch 葛粉　40g

Sugar 砂糖　50g

Mineral water 飲用水　200g

Edamame 毛豆　Q/S

Watermelon ball 西瓜球　Q/S

將葛粉、砂糖及飲用水一同拌勻加熱至卡士達狀。

將作法1擠入模具中至9分滿，再塞入毛豆或西瓜球。

放入蒸烤箱中蒸10分鐘，冷卻備用。

## BAMBOO MERINGUE 竹子蛋白霜

Egg white 蛋白　100g

Sugar 砂糖　40g

Icing sugar 純糖粉　80g

Matcha 抹茶粉　10g

蛋白置於攪拌缸中攪打，分三次加入砂糖打發成蛋白霜。

將蛋白霜加入一同過篩的純糖粉、抹茶粉拌勻。

於矽膠布上擠成竹子形狀，以80℃烘烤2小時至乾燥。

存放於乾燥保鮮盒中。

## RICE PASTE 米漿

Mineral water 飲用水　1000g
Milk 牛奶　150g
Rice 白米　150g
Sugar 砂糖　120g

牛奶、白米、砂糖及飲用水一起加熱煮滾，以小火燉煮約半小時至黏稠粥狀。
用食物調理機打成泥糊狀，過篩後冷卻備用。

## BAMBOO LEAVES 竹葉

Rice paste 米漿　125g
65% dark chocolate 65%苦甜巧克力　12g
Bread flour 高筋麵粉　30g
Icing sugar 純糖粉　30g
Matcha 抹茶粉　1.5g

將米漿與65%苦甜巧克力隔水融化拌勻。
將巧克力米漿與剩餘食材拌勻。使用葉子模板將米漿抹於矽膠布上，以160°C烤8分鐘。
存放於乾燥保鮮盒中。

## DARK SUGAR SYRUP 黑糖糖漿

Dark sugar 黑糖　100g
Mineral water 飲用水　50g

將所有食材一同煮滾，冷卻備用。

## SAKE ESPUMA 清酒 ESPUMA

Sake 清酒　100g
Egg white 蛋白　60g
Sugar 砂糖　12g
Gelatin 吉利丁片　1pc

將清酒與吉利丁片加熱至吉利丁片融化。
加入剩餘材料拌勻後，過篩。
隔冰降溫後倒入氮氣瓶中，打入一罐氮氣，置於冷藏中備用。

## WATERMELON SKIN CONFIT 糖漬西瓜皮

Watermelon 西瓜　Q/S

去除西瓜外層硬皮，將果肉與白皮部分分開。
將果肉放入食物調理機內打成汁，過濾。
將白皮部分切成0.1公分薄片，以滾水汆燙1分鐘。冰鎮冷卻。浸泡於西瓜汁中。
使用前，切成細絲即可。

## TO FINISH

Lemon verbena 檸檬馬鞭草
Nasturtium leaf 金蓮葉
Mint leaf 薄荷葉
Lemon peel strip 檸檬皮細絲
Hyuganatsu 日向夏
Kinako powder 黃豆粉

挖一匙澄清柑橘果凍置於中央，再放上三顆葛粉麻糬。
將糖漬西瓜皮置於果凍上方後，依序放上檸檬馬鞭草、金蓮葉、薄荷葉、檸檬皮細絲、日向夏。
挖一球橄欖球形抹茶冰淇淋於黃豆粉上方，再依序擺上竹子蛋白霜及竹葉。
最後擠上清酒espuma，並附上黑糖糖漿。

# AUTUMN LEAVES
## 秋葉

盤中，楓葉的顏色由綠轉黃，漸至橘紅，透露著季節悄悄由暮夏來到初秋了。爲了刻畫出楓葉的紋理細節，我特別從網路上找了許多照片，慢慢觀察、反覆試驗，讓每片米漿做的葉子，都能保持它原有的自然感。

食材有柚子、地瓜、柿子及蜜柑，金黃橙亮，都是秋天的顏色，帶點夕陽般的蕭瑟感，清爽又充滿香氣。我還特別用上了三個品種的地瓜，取各自的特點，台灣的橘色地瓜口感綿密、香氣足，做成地瓜圓。台灣的黃色地瓜及日本的金時地瓜與奶油拌勻，做成地瓜餡，黃地瓜蒸炊之後會變得濕軟，減弱原本的風味，而日本的金時地瓜則較爲乾爽，兩者完滿互補。楓葉下還藏著白淨的清酒泡泡（Espuma）及艷亮的紅醋栗，目的就是轉化口感、增加酸度，也讓視覺更有變化。

## SWEET POTATO GNOCCHI 地瓜圓

Orange sweet potato 橘色地瓜　300g
Kuzu starch 葛粉　90g
Potato starch 片栗粉　22g
Mineral water 飲用水　60g
Sugar 砂糖　40g

將地瓜蒸熟後壓成泥，加入剩餘材料以手拌成團，分割成每個8克後，冷凍。
將地瓜圓放入滾水中煮熟。冰鎮，浸泡於10%糖水（份量外）中備用。

## SWEET POTATO CREAM 地瓜餡

Yellow sweet potato 黃色地瓜　150g
Japanese sweet potato 日本金時地瓜　150g
Trimoline 轉化糖漿　75g
Rice shochu 米燒酎　15g
Échiré butter demi-sel 半鹽艾許奶油　30g

地瓜放入蒸烤箱，蒸熟取出，趁熱去皮過篩備用。
加入地瓜泥與轉化糖漿拌勻，加入軟化奶油拌勻，再加入米燒酎拌勻備用。

## SAKE ESPUMA 清酒 ESPUMA

Sake 清酒　100g
Egg white 蛋白　60g
Sugar 砂糖　12g
Gelatin 吉利丁片　1pc

將清酒與吉利丁片加熱至吉利丁片融化。
加入剩餘材料拌勻後，過篩。
隔冰降溫後倒入氮氣瓶中，打入一罐氮氣，置於冷藏中備用。

## PERSIMMON PUREE 柿子泥

Soft persimmon 軟柿子　100g
Sugar 砂糖　20g
Dried mandarin skin 陳皮　2g

將陳皮打成細粉末，加入去皮柿子與砂糖，打成泥備用。

## YUZU SORBET 柚子冰沙

Yuzu juice 日本柚子汁　75g
Mineral water 飲用水　195g
Glucose powder 葡萄糖粉　75g
Stabilizer 冰淇淋穩定劑　1.2g
Sugar 砂糖　96g
Trimoline 轉化糖漿　6g

將飲用水、葡萄糖粉、冰淇淋穩定劑、砂糖、轉化糖漿一同加熱至85°C。
隔冰降溫後加入柚子汁，再以手持均質機均質，接著倒入 Pacojet 容器於冷藏中靜置隔夜。
使用前，置於急速冷凍冰硬，再以 Pacojet 機器攪打即可。

## RICE PASTE 米漿

Mineral water 飲用水　1000g
Milk 牛奶　150g
Rice 白米　150g
Sugar 砂糖　120g

牛奶、白米、砂糖與飲用水一起加熱煮滾，以小火燉煮
約半小時至黏稠粥狀。
用食物調理機打成泥糊狀過篩，冷卻後置於冷藏備用。

## MAPLE LEAVES 楓葉

Rice paste 米漿　125g
65% dark chocolate 65% 苦甜巧克力　12g
Bread flour 高筋麵粉　30g
Icing sugar 純糖粉　30g
Food coloring 食用色素　Q/S

將米漿與65% 苦甜巧克力隔水融化拌勻。
將巧克力米漿與剩餘食材拌勻。使用楓葉模板將米漿抹
於矽膠布上，以160°C烤8分鐘。
存放於乾燥保鮮盒中。

## TO FINISH

Japanese mandarin 蜜柑
Red currant 紅醋栗
Burnt pine needle 焦黑松針

將地瓜餡擠於盤子上。
依序放上5顆地瓜圓、蜜柑及紅醋栗。
以柿子泥擠成小點，再擠上清酒 espuma。
挖一球橄欖球狀柚子冰沙於地瓜餡上。
最後以楓葉與焦黑松針裝飾。

# WINTER GARDEN
## 石庭

在嵐山的冬季，我刻畫了一座禪寺裡的枯山水庭園，靜謐深沈的雪景，讓人想要走入其中一探究竟。在禪寺所提供的精進料理中，經常會使用到許多發酵品，從這個角度發想，我讓日本及台灣常見的味噌、酒釀及豆腐乳成為甜點的材料。記得第一次在台灣吃到豆腐乳時，就覺得這是很有趣的食材，我那時就等待著把它用於甜點的機會。

庭園中的兩塊「岩石」是視覺主體，也是主要食材「芝麻豆腐」，淋上酒釀香緹，溫柔綿密似雪，兩塊岩石之間有一球味噌冰淇淋，白雪裡藏著香氣。雨傘則同樣是利用米漿製作，這個技法可做出隨心所欲的造型，讓想像力馳騁。庭園枯山水中的圓柱石，是將蘋果炙燒後再刷上日本柚子汁，帶來酸香滋味。而圓柱石上極細的枯枝，則是將松針烤至焦黑、酥酥脆脆、帶著植物清香。

我一直相信，不論在食材的組合或是技法的變化上，甜點的創作還有著無限的可能性，等待我們去發掘。

## MISO SPONGE 味噌海綿蛋糕

Egg 雞蛋　200g
Cake flour 低筋麵粉　30g
Sugar 砂糖　70g
Miso 信州味噌　30g
Vegetable oil 植物油　20g
Bamboo charcoal 竹炭粉　2g

將所有食材以食物調理機打勻後，置於冰箱中靜置5小時。
將麵糊倒入氮氣瓶中，打入兩罐氮氣。
先將紙杯底部戳三個洞，再將25克麵糊擠入紙杯中，用1000W火力微波20秒後，取出倒扣於網架上放涼。冷卻後脫模。

## SESAME TOFU 芝麻豆腐

Sesame paste 白芝麻醬　60g
Black sesame paste 黑芝麻醬　40g
Sugar 砂糖　90g
Kuzu starch 葛粉　48g
Walnut 核桃　40g
Soy sauce 醬油　15g
Bamboo charcoal 竹炭粉　1g
Mineral water 飲用水　350g

將所有食材拌勻後煮滾，持續攪拌，再續煮1分鐘。
將鋁箔紙塑形成石頭形狀，上油後倒入芝麻豆腐。
置於冷藏保存。

## WHITE MISO ICE CREAM 白味噌冰淇淋

Milk 牛奶　300g
Cream 鮮奶油　225g
Egg yolk 蛋黃　25g
Sugar 砂糖　75g
Stabilizer 冰淇淋穩定劑　4.2g
Saikyo miso 西京味噌　100g

將牛奶、鮮奶油、蛋黃、砂糖及冰淇淋穩定劑一同加熱至85°C。
隔冰降溫後加入味噌，以手持均質機均質，接著倒入Pacojet容器於冷藏中靜置隔夜。
使用前，置於急速冷凍冰硬，再以Pacojet機器攪打即可。

## JONYAN CHANTILLY 酒釀香緹

Fermented rice 甜酒釀　80g
Cream 鮮奶油　120g
Icing sugar 純糖粉　20g

將甜酒釀打成泥，加熱至90°C，隔冰降溫冷卻。再拌入微發香緹拌勻即可。

## JONYAN MILK CUSTARD 酒釀卡士達

Milk 牛奶　200g
Cake flour 低筋麵粉　40g
Sugar 砂糖　25g
Fermented rice 甜酒釀　60g

將甜酒釀打成泥，再與剩餘食材一同煮滾。
使用保鮮膜貼於表面防止結皮，置於冷凍中急速降溫後，拌軟備用。

## TOFULU CREAM 豆腐乳餡

Stiff tofu 板豆腐　150g
Cream cheese 奶油乳酪　45g
Fermented tofu 豆腐乳　30g
Sugar 砂糖　24g

板豆腐去硬皮，再將所有食材放入食物調理機內一同打勻即可。

## SNOW ICING 雪白糖粉

Decoration icing sugar 防潮糖粉　100g
Dextrose 右旋葡萄糖粉　50g
Glucose powder 葡萄糖粉　50g

將所有食材拌勻備用。

## RICE PASTE 米漿

Mineral water 飲用水　1000g
Milk 牛奶　150g
Rice 白米　150g
Sugar 砂糖　120g

牛奶、白米、砂糖與飲用水一起加熱煮滾，以小火燉煮約半小時至黏稠粥狀。
用食物調理機打成泥糊狀過篩，冷卻後置於冷藏備用。

## UMBRELLA 雨傘

Rice paste 米漿　125g
65% dark chocolate 65% 苦甜巧克力　12g
Bread flour 高筋麵粉　30g
Icing sugar 純糖粉　30g
Red coloring 食用紅色色素　Q/S

將米漿與65%苦甜巧克力隔水融化拌勻。
將巧克力米漿與剩餘食材拌勻。使用模板將米漿抹於矽膠布上，以160°C烤8分鐘。出爐後塑形成傘頂形狀。
存放於乾燥保鮮盒中。

TO FINISH

Fuji apple 蘋果
Yuzu juice 日本柚子汁
Burnt pine needle 焦黑松針
Puffed rice 米香
Red currant 紅醋栗
Kinome leaf 山椒葉

使用鋸齒刮板，將盤上的酒釀卡士達畫出禪境花園圖案。
將兩塊芝麻豆腐置於盤上，再倒上酒釀香緹。
將味噌海綿蛋糕剝成適當大小，再以豆腐乳餡黏著，置於兩塊芝麻豆腐中間，將傘頂置於上方，再撒上雪白
糖粉。
將蘋果挖成圓柱狀，炙燒後刷上日本柚子汁放於盤上，再以松針、山椒葉及紅醋栗做裝飾。
最後再挖一球橄球狀味噌冰淇淋置於米香上方。

# CHINESE DESSERT

中
式
甜
點

飲食與文化有著極深厚的關聯，東西方甜點的思維截然不同，台式點心經常使用紅豆、綠豆、黃豆等豆類食材，豆花、紅豆湯、綠豆湯是非常普遍的餐後點心，夏冰冬熱，一碗甜湯滋潤心胃。我也發現，台灣人很喜歡QQ帶咬勁的口感，粉圓、芋圓或粉粿等，利用植物澱粉做成，也是重要的甜點成員。米製發酵品「酒釀」更是我很喜歡使用的食材，甜酸中帶著酒香，能為甜點帶來味覺平衡。

來到台灣的這些年，我既是甜點的觀察者，也是樂在其中的體驗者，總是想像著無限的可能。「睡蓮」的豆花、冬瓜茶凍，「楊枝甘露」的芒果、燕窩，「雪解」中的薑汁撞奶，「月」的鹹蛋黃、蓮子，這些台式及中式元素都成為我的靈感來源，將原有的元素再度解讀、轉化，讓品嘗者從熟悉中找到新鮮，也發現趣味。

# NYMPHÉAS

睡蓮

「睡蓮」（Nymphéas）對我來說是一道既重要又特別的甜點，我在樂沐第一年的創作，很多人因此認識了 Makito。它在菜單上維持了四年多的時間，跟著樂沐一起結束營業。在這段期間，睡蓮歷經過許多版本，基本成員是豆花、枸杞、金蓮花等，茶湯曾由最早的茉莉花茶，改為白毫銀針，呈現出更加細緻優雅的味道。

而「睡蓮 玉」版本則加入日式風味，使用日本柚子凍、抹茶蕨餅、小玉西瓜及宇治玉露茶等食材。到了冬天，還曾推出過溫熱版的睡蓮。有時把它從菜單上拿下來，客人總是會很快察覺：「睡蓮呢？」我從沒想到這道甜點會這麼受到喜歡，很多人對於質樸的台灣豆花能如此華麗轉身，覺得開心又驚豔。

而「睡蓮」對我來說，確實也別具意義，曾是我生活中很重要的部分。在法國工作時，我住在吉維尼（Giverny）小鎮附近，也就是「莫內花園」所在地——印象派畫家莫內的家。我親眼欣賞天色在蓮池上的明暗變化，靜謐唯美；我也曾造訪過巴黎的橘園美術館，靜佇在莫內的睡蓮畫前，那瞬息萬變的光影觸動著我。

莫內用畫筆去表達他心中的莫內花園蓮池，我則是用甜點來表現。在我眼裡，豆花很有台灣味，質地醇美、氣味柔和，單獨品嘗有其特色，與其他食材搭配更是相得益彰，自然成為睡蓮的主角。而極有台灣特色的「冬瓜糖」，則是樂沐侍酒師 Thomas（何信緯）介紹給我的。台南知名老店義豐的冬瓜露，或許這滋味對台灣人來說習以為常，但當下，卻震撼了我，冬瓜茶甘美圓潤的氣味，相當獨特，以茶凍的形式呈現，也成為睡蓮的固定班底。

接骨木糖漿做成的果凍冰，具甜蜜花香；金蓮花醬微甜，金桔則有清爽的水果酸香；淡雅的銀針茉莉花茶葉所做的茶湯，對台灣人並不陌生。最後點綴上西谷米、蓮子及白木耳等，讓銀針茉莉花茶湯將所有的食材環抱圍繞。

將原有的台灣味食材重組再創作，即便都是大家日常的滋味與食材，卻還是能從中品嘗到新意、感到歡喜，這也是身為創作者最感開心之處。溫和、溫暖、溫馨，久久不見，會讓人格外想念，是我對豆花的感覺，也是我感受到的台灣質地與文化。

## TOUFA 豆花

Soy milk 豆漿　600g
Brown sugar 二砂　60g
Gypsum powder 石膏粉　15g
Mineral water 飲用水　90g

將石膏粉與飲用水拌勻。
將豆漿與二砂煮至95°C，沖入石膏粉水中拌勻再倒入平鐵盤中。
以100°C蒸25分鐘出爐，使用保鮮膜貼於表面防止結皮，置於冷藏中冷卻。

## WINTER MELON JELLY 冬瓜凍

Winter melon sugar 冬瓜磚　125g
Mineral water 飲用水　375g
Agar agar 燕菜膠　1g

將冬瓜磚與飲用水煮至融化。
加入燕菜膠煮滾，隔冰放涼備用。

## ELDERFLOWER ICE 接骨木冰

Mold：∅ 4cm×H1cm doughnut
Elderflower syrup 接骨木糖漿　50g
Mineral water 飲用水　100g
Agar agar 燕菜膠　0.8g

將飲用水與燕菜膠煮滾，加入接骨木糖漿冷卻成果凍狀。
放入食物調理機打成凝膠狀灌入模具中，冷凍。

## NASTURTIUM SAUCE 金蓮花醬

Nasturtium flower 金蓮花　5g(擰水後重量)
Neutral glaze 鏡面果膠　80g
Elderflower syrup 接骨木糖漿　20g
Mineral water 飲用水　30g

取金蓮花瓣以滾水汆燙1分鐘，冰鎮降溫。
擠出多餘水分，與剩餘食材放入食物調理機中打勻。

## CALAMANSI JELLY 金桔果凍

Mineral water 飲用水　30g
Sugar 砂糖　15g
Agar agar 燕菜膠　0.6g
Calamansi juice 金桔汁　30g

飲用水、砂糖及燕菜膠煮滾後，沖入金桔汁中，冷藏備用。
以湯匙將金桔果凍舀成與金桔瓣相同大小。

## SILVER NEEDLE JASMIN TEA SOUP 銀針茉莉花茶湯

Mineral water 飲用水　800g
Silver needle Jasmin tea leaves 銀針茉莉花茶葉　40g

茶葉與飲用水冷泡16小時，即是茶湯。
茶湯過濾後加入砂糖與三仙膠，再以均質機打勻備用。
以適量抹茶粉調色。

Tea soup 茶湯　750g
Xantana 三仙膠　6g
Sugar 砂糖　75g
Matcha 抹茶粉　Q/S

TO FINISH

Sago 西谷米
Lotus seed 蓮子
Goji berry 枸杞
White fungus 白木耳
Okra 秋葵
Nasturtium leaf 金蓮葉
Begonia 秋海棠
Elderflower 接骨木花

西谷米、新鮮蓮子去芯剖半煮熟，浸泡於20%糖水（份量外）備用。
白木耳以滾水汆燙10分鐘冰鎮，擠出多餘水分浸泡於20%糖水（份量外）。
金蓮葉以滾水汆燙底部約3秒，冰鎮備用。
將秋海棠花與銀針茉莉花茶湯真空後冷藏備用。
將豆花、冬瓜凍挖成片狀置於碗底。
依序放上蓮子、金桔果凍、白木耳；再倒入茶湯。
接著放上西谷米、金蓮花醬、枸杞、秋葵。於正中央依序放上接骨木冰、金蓮
葉、秋海棠花。接骨木花點綴於四周即可。

# YELLOW SUBMARINE
## 楊枝甘露

若要製作一款屬於夏日的中式點心，會是什麼滋味？在地著時的芒果理所當然雀屏中選。我還在洛杉磯生活時，就在港式餐廳吃過「楊枝甘露」，芒果、柚子、椰奶、西谷米的基本組合，清爽又濃郁，成了靈感來源。談到黃色，我又想到一部奇幻動畫老片〈Yellow Submarine〉，以知名樂團披頭四（The Beatles）的歌曲為主題發展劇情，畫面色彩繽紛，潛水艇造型可愛，就以此作為甜點造型。

將椰肉加入板豆腐、鮮奶油等做成奶酪，成為整道甜點的基底；象徵潛水艇的半球狀芒果布丁覆蓋其上，做為視覺主體。此外，我還用了燕窩，煮熟後將它浸泡在新鮮茉莉花做的糖水中，透著隱隱花香，與芒果丁、柚子及食用花擺在布丁周邊。為了讓潛水艇看起來就像破水而出，我特別製作了僅0.25公分的極薄椰子水凍，鋪蓋在芒果布丁上頭，看起來水嫩盪漾。周邊的海潮是柚子泡泡，奇幻繽紛、既甜又酸，總讓我想再哼起披頭四的〈潛水艇〉。

## TOFU BLANC MANGER 豆腐奶酪

Stiff tofu 板豆腐　145g
Coconut puree 椰子果泥　300g
Sugar 砂糖　30g
Cream 鮮奶油　120g
Gelatin 吉利丁片　3.5pcs

板豆腐去硬皮，以細篩網過篩備用。
取一部分椰子果泥與砂糖、吉利丁片一同加熱至融化，加入剩餘果泥及板豆腐泥拌勻。
隔冰降溫至稍微凝結後，拌入半發鮮奶油攪拌均勻，冷藏備用。

## MANGO PUDDING 芒果布丁

Mold：∅ 6cm × H3cm half sphere
Fresh mango puree 新鮮芒果果泥　100g
Mango puree 芒果果泥　30g
Coconut puree 椰子果泥　70g
Cream 鮮奶油　40g
Sugar 砂糖　20g
Egg yolk 蛋黃　40g
Gelatin 吉利丁片　1.5pcs
Fresh mango cube 新鮮芒果丁　4pcs/ea

鮮奶油、砂糖、蛋黃置於煮鍋中煮到83.5℃，加入吉利丁片。
倒入兩種芒果果泥及椰子果泥一同拌勻。
倒入模具中，每顆布丁30克加入4個新鮮芒果丁，冷凍冰硬備用。

## MANGO COATING 芒果淋面

Mineral water 飲用水　100g
Kappa 鹿角菜膠　3g
Mango puree 芒果果泥　200g
Sugar 砂糖　30g

將所有食材置於煮鍋中煮滾備用。
將芒果布丁脫模，使用牙籤沾入融化的芒果淋面中。

## COCONUT WATER JELLY 椰子水果凍

Coconut water 椰子水　200g
Sugar 砂糖　40g
Gelatin 吉利丁片　4pcs

取一半椰子水、砂糖及吉利丁一同加熱至吉利丁片融化，再加入剩餘椰子水。
將椰子水果凍倒入少量上油的鐵盤中，果凍厚度0.25公分，置於冰箱結成果凍。
以直徑11公分慕斯圈切圓片備用。

## SWALLOW NEST 燕窩

Swallow nest 燕窩　10g
Mineral water 飲用水　150g
Rock sugar 冰糖　20g

將燕窩浸泡於飲用水中10小時。瀝乾水分後，加入配方中飲用水及冰糖蒸約半小時至熟透。
將燕窩浸泡於過濾後的茉莉花糖水中。

### JASMINE SYRUP 茉莉花糖水

Mineral water 飲用水　100g

Sugar 砂糖　30g

Jasmine flower 茉莉花　10g

將茉莉花去除花萼置於鋼盆中。

將飲用水及砂糖煮滾沖入茉莉花。隔冰降溫置於冷藏中隔夜備用。

### YUZU FOAM 柚子泡泡

Mineral water 飲用水　100g

Sugar 砂糖　20g

Yuzu juice 日本柚子汁　10g

SOSA cold espuma 冷用泡沫組織安定劑　10g

將所有食材混合以均質機拌勻。使用前再用均質機攪打起泡。

### SAGO 西谷米

Coconut puree 椰子果泥　Q/S

Sago 西谷米　Q/S

將煮熟的西谷米浸泡於椰子果泥中備用。

### TO FINISH

Coconut meat 椰子肉

Pomelo 白柚

Mango 芒果

Goji berry 枸杞

Flowers 食用花

將豆腐奶酪、椰子肉挖成片狀置於盤底。

依序放上西谷米、芒果布丁。

於布丁四周依序放上芒果丁、白柚、燕窩、及食用花。

以椰子水果凍覆蓋上述食材後，於四周放上柚子泡泡。最後再用枸杞及食用花點綴。

# MOON
## 月

中秋節是台灣人的重要節日，我讓原本中式月餅裡會用上的食材粉墨登場，在我的盤式甜點中演出新版本。鹹蛋黃做成冰淇淋，應該有耳目一新的感覺，嵐舒主廚告訴我，炒鹹蛋黃時，要加上金門高粱酒，可以除蛋腥、添香氣，我特別把傳統的作法保留下來。蛋黃和牛奶，都有綿密脂香，鹹甜合拍，一點也不違和。柿子與焦糖同煮，再加入台灣常用的香料五香粉，有令人莞爾的熟識感。

蓮子加牛奶打成泥，紅豆拌入杏仁奶油餡烤成蛋糕，蜂蜜金棗、桂花做成果凍，糯米粉做成彈牙的麻糬球，為甜點畫龍點睛。主視覺「月球」是以如紙般的極薄 Filo 麵皮做成，塗上混合了竹炭粉的白巧克力，做出隕石坑，最後撒上銀粉。一幅立體的月球畫作在眼前展開，請接受我的邀約，一起在盤中賞月、吃月餅吧。

## LOTUS SEED CREAM 蓮子餡

Dried lotus seed 乾蓮子　100g
Milk 牛奶　80g
Sugar 砂糖　20g

將乾蓮子以飲用水泡一小時。放入煮鍋中，煮軟。
將多餘水分瀝乾放涼，加入牛奶與砂糖打成泥狀。

## CARAMEL PERSIMMON 焦糖柿子

Hard persimmon 紅柿　100g
Sugar 砂糖　50g
Mineral water 飲用水　20g
Five spices powder 五香粉　1g

以0.5公分與0.7公分挖球器，將柿子挖成球狀後加入五香粉拌勻備用。
取一煮鍋將砂糖煮至焦化沖入熱水。倒入柿子後拌勻。

## RED BEAN CAKE 紅豆蛋糕

Red bean paste 紅豆餡　100g
Almond cream 杏仁奶油餡　100g

將紅豆餡拌軟加入杏仁奶油餡拌勻。
入模烤焙，麵糊高度為2公分，以165℃烤焙25分鐘。
冷卻後，以3公分圓齒切模壓成形。

## ALMOND CREAM 杏仁奶油餡

Almond powder 杏仁粉　75g
Icing sugar 糖粉　75g
Egg 雞蛋　75g
Butter 奶油　75g
Crème pâtissière 卡士達　100g
（卡士達配方請參考CHOU CHOU P236）

將奶油攪拌打軟後，分次加入雞蛋拌勻。
加入杏仁粉與糖粉拌勻。
最後加入拌軟的卡士達拌勻即可。

## KUMQUAT JELLY 金棗凍

Kumquat confit 蜂蜜金棗　115g
Mineral water 飲用水　230g

Kumquat juice 金棗果汁　280g
Agar agar 燕菜膠　2.1g
Citric acid 檸檬酸　0.8g

蜂蜜金棗去籽後與飲用水一同放入食物調理機打成果汁，過篩，即是金棗果汁。
取一煮鍋，加入金棗果汁、燕菜膠及檸檬酸煮滾。
隔冰降溫後倒入平鐵盤中，果凍高度為2.5公分，放入冷藏冰硬備用。
冷卻後，以3公分圓齒切模壓成形。

## OSMANTHUS JELLY 桂花凍

Dried Osmanthus 乾燥桂花　10g
Mineral water 飲用水　400g

Osmanthus tea 桂花茶　200g
Sugar 砂糖　30g
Honey 蜂蜜　20g
Gelatin 吉利丁片　3.5pcs

取一煮鍋將飲用水煮滾，沖入乾燥桂花中悶5分鐘，過篩，即是桂花茶。
取一煮鍋，加入桂花茶、砂糖及蜂蜜煮至約40℃，加入吉利丁片融化。
隔冰降溫後倒入平鐵盤中，果凍高度為3公分，放入冷藏冰硬備用。
冷卻後，以3公分圓齒切模壓成形。

## MOCHI BALL 麻糬球

Glutinous rice flour 糯米粉　35g
Cake flour 低筋麵粉　15g
Trimoline 轉化糖漿　10g
Almond water 杏仁露　15g
Mineral water 飲用水　18g

將全部食材拌勻成團，分割成每粒6克後冰於冷凍備用。
將麻糬球放入滾水中煮熟，冰鎮，浸泡於10%糖水（份量外）備用。

## DUCK EGG YOLK ICE CREAM 鹹蛋黃冰淇淋

Salted duck yolk鹹鴨蛋黃　3pcs
Salt鹽　1.8g
Kaoliang（1）高粱酒（1）　30g
Milk牛奶　525g
Egg yolk蛋黃　80g
Sugar砂糖　75g
Kaoliang（2）高粱酒（2）　30g
Stabilizer冰淇淋穩定劑　3.2g

先將鹹鴨蛋黃、鹽放入炒鍋，邊拌炒邊壓碎，炒香後加入高粱酒（1）收乾即可。
將牛奶、蛋黃置於煮鍋中加熱至45°C，加入砂糖與冰淇淋穩定劑加熱至83°C，再加入高粱酒（2）拌勻。
將作法2以手持均質機拌勻後，加入作法1炒香的鹹鴨蛋黃，接著倒入Pacojet容器於冷藏中靜置隔夜。
使用前，置於急速冷凍冰硬，再以Pacojet機器攪打即可。

## GOLD GLAZE 金色鏡面果膠

Neutral glaze鏡面果膠　35g
Gold powder金色色粉　0.5g

在鏡面果膠中加入金粉拌勻備用。

## MOON FILO 月亮脆餅

Filo pastry薄脆餅皮　2 sheets
Egg white蛋白　Q/S
32% white chocolate 32%白巧克力　100g
Bamboo charcoal竹炭粉　Q/S
Silver powder銀色色粉　Q/S

以蛋白將兩片薄脆派皮黏著，再用直徑9.5公分圓形切模切成圓形。
置於半圓形盤子中，覆蓋上相同大小鋁箔紙，以烤焙石壓於上方以170°C烤焙8分鐘，冷卻備用。
在融化的白巧克力中加入竹炭粉調成適當顏色。
於作法2的脆餅表面刷上竹炭白巧克力，以圓形切模印出月球隕石坑。
待巧克力結晶後，塗上以銀色色粉與份量外酒精調成的液體，存放於乾燥保鮮盒中。

## MOON DUST ICING 竹炭糖粉

Decoration icing sugar防潮糖粉　100g
Bamboo charcoal竹炭粉　1g
Gold powder金色色粉　1g

將所有食材混合均勻備用。

## TO FINISH

Goji berry 枸杞
Red bean 蜜紅豆
White fungus 白木耳
Gold leaf 金箔

於盤子上用金色鏡面果膠擠出一條線，再依序放上金棗凍、桂花凍、紅豆蛋糕及輕微炙燒過的麻糬球；並放上相對應的裝飾：枸杞、木耳、紅豆。
將蓮子餡放於盤中央擠成甜甜圈的形狀，再將溫熱的焦糖柿子置於中央。
放一球橄欖形的鹹蛋黃冰淇淋於焦糖柿子上方。
在薄脆派皮上撒上竹炭糖粉後，覆蓋於鹹蛋黃冰淇淋上方。

# SNOW MELTING
## 雪解

寒冬冰雪籠罩，大地看似一片荒蕪，其實春天腳步已近，厚雪漸融，冰層下方已是萬象更新，悄悄傳遞著春神降臨的訊息。

這道甜點的靈感來自於港式的「薑汁撞奶」，我做了點變化，將薑絲與牛奶、煉乳做成卡士達，再與酒釀同煮，溫熱甜美。紅寶石芋薺則是泰式作法，將芋薺切成小立方體，浸入草莓果汁中，取出後裹上樹薯粉，內脆外Q滑；再將日式的天婦羅粉及抹茶粉麵糊炸成細條狀，酥香爽口。

草莓酸甜、薑汁富香氣，而盤上細緻薄脆的珍珠糖片，透著微光，讓底下的紅綠顏色若隱若現，誘人一探究竟，是品嘗時的趣味。我特別使用翠綠的山茶「過貓」，這姿態捲曲的蕨類有著古老的身世、蘊藏大地的豐厚滋味，也為這道甜點注入生命力。

## GINGER MILK CUSTARD 薑汁牛奶卡士達

Milk 牛奶　300g
Condensed milk 煉乳　150g
Ginger 薑　50g

Ginger milk 薑汁牛奶　400g
Tapioca starch 樹薯粉　30g

薑去皮後切絲與牛奶及煉乳一同煮滾。悶10分鐘，過濾，即是薑汁牛奶。
加入樹薯粉一同煮滾後，使用保鮮膜貼於表面防止結皮，冷卻備用。

## STRAWBERRY SYRUP 草莓糖漿

IQF Strawberry 冷凍草莓粒　Q/S

Strawberry juice 草莓汁　100g
Sugar 砂糖　30g

將冷凍草莓置於鋼盆中，完整包覆保鮮膜，隔水煮1小時，過濾，即是草莓汁。
將草莓汁與砂糖一同混合均勻備用。

## STRAWBERRY RED RUBY 紅寶石荸薺

Water chestnut 荸薺　Q/S
Strawberry juice 草莓汁　Q/S
Tapioca starch 樹薯粉　Q/S

將荸薺切成1公分立方體。浸泡於草莓汁中1小時。
過濾後，外層裹上樹薯粉。
放入滾水中煮熟。冷卻，浸泡於草莓糖漿中。

## MATCHA TEMPURA 抹茶天婦羅

Tempura powder 天婦羅粉　55g
Matcha 抹茶粉　5g
Mineral water 飲用水　80g

將所有食材一同拌勻，擠出細條狀入170°C油鍋中炸熟。
濾掉多餘油脂，再灑上抹茶糖粉。

## MATCHA ICING 抹茶糖粉

Matcha 抹茶粉　10g
Decoration icing sugar 防潮糖粉　100g

將所有食材一同混合均勻備用。

## SNOW ICING 雪白糖粉

Decoration icing sugar 防潮糖粉　100g
Dextrose 右旋葡萄糖粉　50g
Glucose powder 葡萄糖粉　50g

將所有食材拌勻備用。

## ISOMALT SUGAR DISC 珍珠糖片

Isomalt 珍珠糖　Q/S

將珍珠糖打成粉狀。
在矽膠布上將珍珠粉撒成直徑11公分圓盤狀。上方蓋上另一張矽膠布，以180°C烤焙10分鐘。
冷卻後，小心將糖片取下，存放於乾燥保鮮盒中。

TO FINISH

Tapioca pearl 珍珠
Vegetable fern 過貓
Strawberry 草莓
Fermented rice 甜酒釀

將珍珠煮熟,浸泡於薑汁牛奶(份量外)中入味。
將35克薑汁牛奶卡士達與10克甜酒釀一同加熱至70℃,倒入盤中央。
依序放入草莓、紅寶石芋薯及薑汁珍珠。
再依序放上抹茶天婦羅與炙燙過的過貓。
最後將珍珠糖片覆蓋於上方,撒上雪白糖粉即可。

# WAGASHI

日
本
72
候

這四款甜點是以日本72候來命名，一年有24節氣，每個節氣又分初候、次候及末候，與四季更迭的自然現象互相呼應，像是春季的「黃鶯睍睆」、夏季的「腐草爲螢」等。

當時會有這個點子，是受到一位日本和菓子職人的啓發，位於東京茗荷谷的和菓子店「一幸庵」，1977年創立，迄今歷史已超過40年，主人水上力所製作的日式點心，不僅美味，同時雅緻動人。四年前，水上力出版了一本與店鋪名稱相同的和菓子書籍《一幸庵IKKOAN》，72道甜點對應72候，完全體現出和菓子的美感與生命力。

我如獲至寶，一直珍藏著這本書，也希望能將和菓子重視食材、節氣、季候的心意，傳達到我的盤式甜點中，並加入製作和菓子的技法，期待品嘗者能夠打開感官，靜心觀照身邊的美好。我相信，「一甜點、一世界」，東西方皆是如此。

# うぐいすなく

## 黄鶯睍睆

黃鶯睍睆，這是立春的第二候（次候），有「春告鳥」之稱的黃鶯在枝頭啼鳴，宣告春天到來，大地一片美好明亮。冬季才剛離開，寒意仍在，春寒料峭，繽紛的春色卻已悄悄降臨。

春初的作物有梅子、草莓及青豆，我特別製作了梅子冰沙，是春寒的滋味；也用梅酒與糖粉做成糖霜，爲這道甜點帶來香氣、酸度，以及視覺上的春雪。脆嫩的青豆是春回大地的符號，我讓青豆擔任要角，做成掛糖霜的青豆仁，是枝頭上的點點綠意；而青豆卡士達則搖身變爲銅鑼燒的內餡。最後再點綴上大吟釀香緹，淡美的酒香舒雅宜人，完成了我對立春乍暖還寒的詮釋。

## SOBA PANCAKE 蕎麥鬆餅

Soba powder 蕎麥粉　10g
Cake flour 低筋麵粉　50g
Matcha 抹茶粉　6g
Corn starch 玉米粉　20g
Salt 鹽　0.8g
Baking powder 泡打粉　1g
Egg 雞蛋　116g
Sugar 砂糖　60g
Cream 鮮奶油　75g

將蕎麥粉、低筋麵粉、抹茶粉、玉米粉、鹽、泡打粉一同過篩備用。

將雞蛋與砂糖拌勻再加入過篩粉類拌勻，最後加入鮮奶油拌勻即可。

取不沾平底鍋倒一杓麵糊，以中火煎至單面上色後，翻面再煎10秒。

將鬆餅放置於砧板上，趁熱時以直徑9公分圓形切模切成圓形。

保存時，表面需覆蓋上濕毛巾。

## PEA CUSTARD 青豆卡士達

Peas 青豆仁　40g
Milk 牛奶　250g

Pea milk 青豆牛奶　250g
Sugar 砂糖　60g
Cake flour 低筋麵粉　24g

青豆與牛奶煮滾以均質機打碎過篩，即是青豆牛奶。

加入砂糖與低筋麵粉煮成卡士達狀態，抹平後貼上保鮮膜，冰入冷藏冷卻備用。

## UME SORBET 梅子冰沙

Mineral water 飲用水　260g
Glucose powder 葡萄糖粉　20g
Stabilizer 冰淇淋穩定劑　3g
Sugar 砂糖　128g
Trimoline 轉化糖漿　8g
Umeboshi 日本醃梅肉　12g
Choya 梅酒　6g
Rice vinegar 米醋　4g

將飲用水、葡萄糖粉、冰淇淋穩定劑、砂糖、轉化糖漿及日本醃梅肉一同加熱至81.5°C。

隔冰降溫後加入梅酒與米醋，以手持均質機均質，接著倒入Pacojet容器中於冷藏中靜置隔夜。

使用前，置於急速冷凍冰硬，再以Pacojet機器攪打即可。

## PEA CONFIT 糖漬青豆

Peas 青豆　100g
Sugar 砂糖　200g
Mineral water 飲用水　200g

將全部材料置於煮鍋中煮滾，再以小火燉煮20分鐘。置於室溫中使之自然冷卻至隔日。

挑選出形狀完美的豆子，置於室溫中自然風乾至表面結糖霜即可。

## UME GLACE ROYAL 梅子糖霜

Icing sugar 純糖粉　35g
Choya 梅酒　8g

將全部食材攪拌至顏色變白，裝入擠花袋中備用。

## DAIGINJO CHANTILLY 大吟釀香緹

Cream 鮮奶油　100g
Icing sugar 純糖粉　20g
Daiginjo sake 大吟釀清酒　20g

將鮮奶油與糖粉打至半發狀態，再加入大吟釀清酒打至6分發。

## CHOCOLATE CHOUX RING 巧克力泡芙花圈

Mineral water 飲用水　75g
Milk powder 奶粉　7.5g
Sugar 砂糖　20g
Salt 鹽　1.5g
Butter 奶油　35g
T55 flour T55 法國傳統麵粉　42.5g
Cocoa powder 可可粉　2.5g
Egg 雞蛋　80g

將飲用水、奶粉、砂糖、鹽、奶油置於煮鍋中煮滾關火，加入已經一同過篩的T55麵粉及可可粉快速拌成團。
開火將麵團加熱至糊化，鍋底會形成一層薄膜離火，倒入攪拌缸中。
分多次將雞蛋慢慢加入，待麵糊糊化後擠成花圈狀。
以170°C烤10分鐘。
冷卻後沿著形狀擠上梅酒糖霜，置於烤箱中以低溫烘乾；上方再黏上糖花裝飾。

## PLASTIC CHOCOLATE 塑形巧克力

32% white chocolate 32% 白巧克力　130g
Glucose 葡萄糖漿　30g
Sugar 砂糖　5g
Mineral water 飲用水　5g
White chocolate coloring 食用巧克力白色色粉　2g
Red coloring 食用紅色色素　Q/S
Matcha 抹茶粉　Q/S

將白巧克力、白色色粉一起隔水融化。
飲用水與砂糖加熱融化後加入葡萄糖漿，再加熱至45°C拌勻，加入巧克力中拌成團。
待塑形巧克力結晶後，加入適量食用紅色色素及抹茶粉調色。
使用桿麵棍將塑形巧克力擀至2mm，再切成需要的形狀即可。

## PUFFED RICE 米香

Puffed rice 米香　100g
Sugar 砂糖　100g
Mineral water 飲用水　30g

將飲用水與砂糖煮至120°C後離火。
將米香倒入炒至糖漿呈現結晶狀態。
放入烤箱以低溫將米香烘乾。存放於乾燥保鮮盒中。

## BAMBOO CHARCOAL GLAZE 竹炭果膠

Neutral glaze 鏡面果膠　100g
Bamboo charcoal 竹炭粉　1g

將鏡面果膠加入竹炭粉攪拌均勻。

## UME ICING 梅子糖粉

Ume powder 梅子粉　10g
Decoration icing sugar 防潮糖粉　30g

將所有材料拌勻備用。

## TO FINISH

Strawberry 草莓

以竹炭果膠畫成樹狀。
將大吟釀香緹置於盤中央。撒上梅子糖粉。
將青豆卡士達擠入蕎麥鬆餅中再對摺夾起。放置於盤子上，撒上防潮糖粉與梅子糖粉。
依序放上草莓、米香、梅子冰沙、裝飾花圈及糖漬青豆。

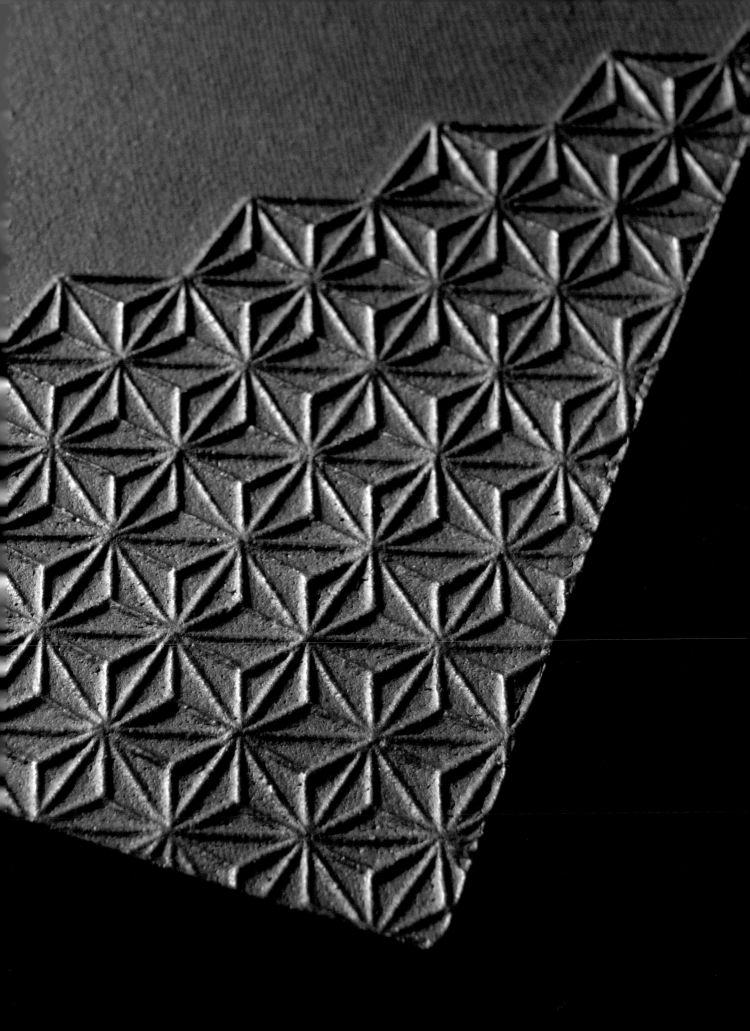

# くされたるくさほたるとなる
## 腐草為蛍

「腐草為蛍」是個浪漫的說法，古人認為螢火蟲是從盛夏的腐草中生成，燦爛起舞的光點彷彿星空降臨，因而夜光、景天、宵燭都是它美麗的別名。這讓我想起兒時日本的家，近屋處有小溪流水潺潺，仲夏時分，如果夠幸運，就能見到河邊的螢火蟲星光閃耀，是很難忘的回憶，賞螢情境也就成為這道甜點的主要意象。

緩緩流洩的剔透溪水，是透過經典日式甜點「心太」（ところてん）來表現，以寒天（洋菜）做成的果凍條，咕溜滑口，搭配黑芝麻醬，添香增色。溪邊的岩石，則是加入黑芝麻醬做成的蕨餅，蕨餅是夏天經典的和菓子，Q涼香潤。還有紫蘇冰沙、柚子泡泡、糖漬黑豆、毛豆及巨峰葡萄，最後點綴綠意盎然的楓葉，組合成微酸帶甜的仲夏螢火蟲之夢。

## CLEAR JELLY TAGLIATELLE 透明果凍麵條

Mineral water 飲用水　800g
Sugar 砂糖　80g
Pearl agar 吉利T粉　20g
Agar agar 燕菜膠　4g

將全部食材煮滾後，倒入24.5×18.5公分平鐵盤中置於冷藏冰硬。
將果凍取出，置於砧板上切成0.5公分寬麵條。

## BLACK SESAME SAUCE 黑芝麻醬

Mineral water 飲用水　180g
Dark sugar 黑糖　80g
Black sesame paste 黑芝麻醬　50g
Gelatin 吉利丁片　2pcs

飲用水、黑糖、芝麻醬煮至黑糖融化，加入吉利丁片備用。

## BLACK BEAN CONFIT 糖漬黑豆

Dried black beans 乾黑豆　100g
Mineral water 飲用水　330g
Sugar 砂糖　60g
Black bean cooking water 煮黑豆的水　100g

將乾黑豆浸泡4小時，再把黑豆與泡豆水倒入壓力鍋中，補足鍋內不足的水。
不加蓋煮滾3分鐘去雜質，再加蓋煮10分鐘。
將豆子水分濾乾，取黑豆水加入砂糖及黑豆煮滾後，以小火燉煮10分鐘。冷卻備用。

## SESAME WARABI 芝麻蕨餅

Warabi starch 蕨餅粉　40g
Mineral water 飲用水　160g
Brown sugar 二砂　80g
Black sesame paste 黑芝麻醬　20g

將所有食材置於煮鍋中，以小火拌炒至顏色呈透明。
將蕨餅麵團裝入擠花袋後，邊擠邊剪入冰水中。
使之凝固成團後撈出。
使用前，保存於托盤上。

## YUZU FOAM 柚子泡泡

Mineral water 飲用水　100g
Sugar 砂糖　20g
Yuzu juice 日本柚子汁　12g
SOSA cold espuma 冷用泡沫組織安定劑　10g

將所有食材混合以均質機拌勻。使用前再用均質機攪打起泡。

## SHISO SORBET 紫蘇冰沙

Mineral water 飲用水　260g
Shiso leaves 紫蘇葉　10pcs
Glucose powder 葡萄糖粉　20g
Stabilizer 冰淇淋穩定劑　3g
Sugar 砂糖　95g
Trimoline 轉化糖漿　8g

將飲用水、紫蘇葉、轉化糖漿以食物調理機打碎。
再加入葡萄糖粉、冰淇淋穩定劑及砂糖打勻。
倒入Pacojet容器置於冷凍冰硬，使用前再以Pacojet機器攪打即可。

## MATCHA MAPLE CHIPS 抹茶楓葉脆片

Mineral water 飲用水　165g

Isomalt 珍珠糖　40g

Icing sugar 純糖粉　22.5g

Glucose powder 葡萄糖粉　6g

Agar agar 燕荣膠　3g

Matcha 抹茶粉　4g

除抹茶粉以外的所有食材一同煮滾並冷卻後，加入抹茶粉，以食物調理機打成凝膠狀。

使用楓葉模板抹於烤焙布上以110℃烤20分鐘。

存放於乾燥保鮮盒中。

## TO FINISH

Shiso flower 紫蘇花

Grape 葡萄

Gold leaf 金箔

Edamame 毛豆

Black bean confit　糖漬黑豆

將黑芝麻醬擠在盤中央。

將透明果凍麵條覆蓋於黑芝麻醬上，再依序放上芝麻蕨餅、葡萄、糖漬黑豆、毛豆。

接著放上柚子泡泡、紫蘇冰沙、紫蘇花及抹茶楓葉脆片即可。

# もみじつたきばむ
## 楓蔦黃

第五十四候「楓蔦黃」落在秋天霜降的末候，此時氣溫已低，草木轉色，在日本正是賞楓好時節，林間一片火紅溫婉，璀璨奪目，也暗示著蒼茫白雪即將降臨。

秋天是栗子的季節，我於是想起法式甜點蒙布朗，如何把栗子、香緹等經典元素轉化成為和菓子，是這道甜點的發想基礎。透過日式點心「金團」的製作方式，將栗子與金時地瓜蒸熟後，去皮過篩，創造出細緻綿密的口感，鋪撒在楓糖香緹上，呈現出橙黃色的主視覺。

秋天會讓人聯想到煙燻的氣味，我特別使用兩種帶有煙燻味的食材：阿貝蘇格蘭威士忌及正山小種紅茶。阿貝蘇格蘭威士忌產自艾雷島，以強烈泥煤及豐富海水碘味聞名，我將它刷在榛果達克瓦茲底部，作為這道甜點的基底，氣味濃烈悠長；正山小種在製程中經過松木燻製，帶有特殊松煙香氣，將茶葉打成粉、做成冰淇淋，與威士忌的風味呼應。甜點呈現出多重層次的紅與黃，秋高氣爽，視覺味覺都心曠神怡。

## HAZELNUT DACQUOISE 榛果達克瓦茲

Icing sugar 純糖粉　100g
Almond powder 杏仁粉　170g
Hazelnut 去皮榛果　85g
Sugar 砂糖　65g
Egg white 蛋白　190g

將烘烤過榛果粒切成粗粒狀，加入過篩後的糖粉與杏仁粉中。
將蛋白與砂糖打發拌入作法1的乾料中，擠出直徑約5公分、高度1公分圓於矽膠布上，灑上一層薄糖粉。
以165℃烤14分鐘。

## MAPLE CHANTILLY 楓糖香緹

Mascarpone 馬斯卡邦乳酪　40g
Cream 鮮奶油　60g
Maple syrup 楓糖漿　50g
Ardbeg Scotch whisky 蘇格蘭阿貝漩渦威士忌　Q/S
Red currant 紅醋栗　Q/S

將馬斯卡邦乳酪攪拌至軟，加入楓糖漿拌勻，再加入鮮奶油拌勻後，打發至香緹狀。
於榛果達克瓦茲底部刷上蘇格蘭阿貝漩渦威士忌，上方放兩顆紅醋栗，擠上15克楓糖香緹，再放上一顆紅醋栗，冷凍冰硬備用。

## CHESTNUT CREAM 栗子餡

Japanese chestnut paste 日本和栗泥　150g
Japanese sweet potato 日本金時地瓜　150g
Chestnut syrup 栗子糖水　45g

金時地瓜放入蒸烤箱，以100℃蒸熟取出，趁熱去皮過篩。
日本和栗泥過篩後，加入金時地瓜泥與栗子糖水拌勻備用。

## LAPSANG GELATO 正山小種冰淇淋

Cream 鮮奶油　150g
Milk 牛奶　200g
Sugar 砂糖　53g
Stabilizer 冰淇淋穩定劑　3.8g
Lapsang souchong tea leaves 正山小種茶葉　4g

正山小種茶葉打成粉備用。
將牛奶、鮮奶油及正山小種茶葉粉煮滾悶10分鐘。再加入砂糖、冰淇淋穩定劑加熱至81.5℃。
隔冰降溫後，以手持均質機均質，接著倒入Pacojet容器於冷藏中靜置隔夜。
使用前，置於急速冷凍冰硬，再以Pacojet機器攪打即可。

## RED CURRANT MAPLE CHIPS 紅醋栗楓葉脆片

Red currant puree 紅醋栗果泥　55g
Mineral water 飲用水　55g
Isomalt 珍珠糖　20g
Icing sugar 純糖粉　15g
Glucose powder 葡萄糖粉　4g
Agar agar 燕菜膠　2g

將所有食材一同煮滾後，冷卻。以食物調理機打成凝膠狀。
使用楓葉模板抹於矽膠布上以110℃烤20分鐘。
存放於乾燥保鮮盒中。

## TO FINISH

Persimmon 柿子
Yuzu juice 日本柚子汁
Freeze dried raspberry powder 乾燥覆盆子粉

柿子切成0.7公分厚片，再用直徑3公分圓形切模。將表面塗上日本柚子汁製成香柚柿子備用。
將25克地瓜栗子餡以鼓狀篩網過篩，自然地敲落於楓糖香緹上。在表面篩上乾燥覆盆子粉後移至盤上。
將香柚柿子斜放成梯狀，以榛果碎粒鋪底，上方放一球橄欖形的正山小種冰淇淋，再於上方放上紅醋栗楓葉脆片於冰淇淋上。

# つばきはじめてひらく
## 山茶始開

第五十五候「山茶始開」是立冬的第一個節氣，宣告著冬季正式來臨。對於這道甜點的想像，來自於某部以「武士」為主題的電影，雪花紛飛的場景中，兩名武士正在決鬥，白淨蒼茫如黑白片般的影像，只有一朵山茶花透著赭紅、吐露芬芳。

山茶花的花瓣是用有機玫瑰的花瓣鋪排而成，黃色內餡是以栗子泥及地瓜泥混合做成。在日本，11月有吃亥子餅的習慣，是種混合紅豆、芝麻等食材做成的麻糬，祈祝平安健康。這道山茶花甜點的底座，我做了一顆甜甜圈形狀的雪白麻糬，裡頭填入紅棗香緹做成的冰淇淋、玫瑰奶油餡及紅莓果醬，香柔素雅又帶著幽香，亮眼奪目又不失端莊，就是我心中的山茶滋味。

## SNOW MOCHI SKIN 雪白麻糬皮

Shiratamako 白玉粉　100g
Sugar 砂糖　150g
Mineral water 飲用水　150g

將所有食材拌勻，放入1000W火力微波爐中加熱3分鐘。取出後拌勻，再放進微波爐中加熱2分鐘。
在麻糬上撒入玉米粉（份量外）擀至厚度0.3公分。
以直徑11.5公分切模切成圓形，冷凍保存。

## RED DATE CHANTILLY 紅棗香緹

Mold：∅ 7cm × H2.5cm doughnut
Red date 乾燥紅棗　120g
Mineral water 飲用水　240g
Rock sugar 冰糖　80g

Red date puree 紅棗泥　240g
Cream 鮮奶油　300g
Icing sugar 純糖粉　30g

將紅棗泡水靜置於冷藏中隔夜。
濾出多餘水分，再與飲用水與冰糖一同煮滾後，燉煮40分鐘。濾出多餘湯汁。
以食物調理機打成泥狀，過篩。置於煮鍋中拌炒至糊狀。隔冰降溫，即是紅棗泥。
將鮮奶油與純糖粉一同攪拌至半發後，再與紅棗泥一同拌勻。
擠入模具中，冷凍冰硬備用。

## RICE PASTE 米漿

Mineral water 飲用水　1000g
Milk 牛奶　150g
Rice 白米　150g
Sugar 砂糖　120g

牛奶、白米、砂糖及飲用水一起加熱煮滾，以小火燉煮約半小時至黏稠粥狀。
用食物調理機打成泥糊狀過篩，冷卻備用。

## CAMELIA LEAVES 山茶花葉

Rice paste 米漿　125g
65% dark chocolate 65% 苦甜巧克力　12g
Bread flour 高筋麵粉　30g
Icing sugar 純糖粉　30g
Matcha 抹茶粉　1.5g

將米漿與65%苦甜巧克力隔水融化拌勻。
將巧克力米漿與剩餘食材拌勻。使用葉子模板將米漿抹於矽膠布上，以160°C烤8分鐘。
存放於乾燥保鮮盒中。

## RED BERRY JAM 紅莓果醬

Apricot glaze 杏桃果膠　35g
Neutral glaze 鏡面果膠　35g
Cherry puree 櫻桃果泥　40g
Red currant puree 紅醋栗果泥　40g
Agar agar 燕菜膠　1g
Sugar 砂糖　20g

將所有食材一同煮滾，隔冰降溫備用。

## ROSE CREAM 玫瑰餡

32% white chocolate 32%白巧克力　175g
Milk 牛奶　40g
Cream 鮮奶油　40g
Sugar 砂糖　7g
Egg yolk 蛋黃　11g
Gelatin 吉利丁片　1pc
Cream 鮮奶油　290g
Rose water 玫瑰水　115g

將牛奶、鮮奶油、砂糖、蛋黃一同加熱至83℃後，加入泡開的吉利丁片，過篩倒入融化後的白巧克力裡拌勻。
待作法1的甘納許溫度降至28℃，加入打發鮮奶油拌勻，再加入玫瑰水拌勻備用。

## YELLOW PISTILS PASTE 黃色花蕊

Japanese chestnut paste 日本和栗泥　50g
Japanese sweet potato 日本金時地瓜　50g
Chestnut syrup 栗子糖水　15g
Yellow coloring 食用黃色色素　Q/S

金時地瓜放入蒸烤箱，蒸熟取出，趁熱去皮過篩備用。
日本和栗泥過篩加入金時地瓜泥、栗子糖水及食用黃色色粉，拌勻備用。

## TO FINISH

Rose petal 玫瑰花瓣

將紅棗香緹以雪白麻糬皮完全包覆，再以圓形切膜將麻糬皮中間多餘部分切除。冷凍保存。
放置於盤子上，再將甜甜圈中心孔洞以玫瑰餡填滿。
上方擠上紅莓果醬，再放上玫瑰花瓣排列為花型。
將黃色花蕊以鼓狀篩網過篩，再移至花的中間。
以山茶花葉裝飾，最後撒上雪白糖粉。

# TWIST DESSERT

翻
轉
經
典

Twist 在字面上是扭轉的意思，這是指我將原本就存在的經典甜點「扭一下」，以前所未見的姿態呈現，前衛革新。

2009年，我曾和elBulli團隊前往東京，我很開心，能夠在自己的國家探索隱藏的美味。我們在天婦羅之神的餐廳みかわ（Mikawa）用餐，那晚，主廚早乙女哲哉的手藝和話語都令我難忘：「之所以會有『前衛』，是因為有我們這樣的『後衛』存在，大步向前、盡情成就你的目標吧，我們會一直在這裡守護著傳統文化。」超過半世紀的烹飪技藝是早乙女主廚自身的驕傲，在我身上成為最大的鼓勵，當時的我，決定為甜點創作浪跡天涯，去追尋自我、去發現自我風格、去傳遞自我想法。

創作時，尊重在地文化與歷史背景，是我身為一位主廚所引以為傲的，同時也是我向前輩們致敬的方式。他們讓我知道自己是怎麼來的，又該往哪裡去。

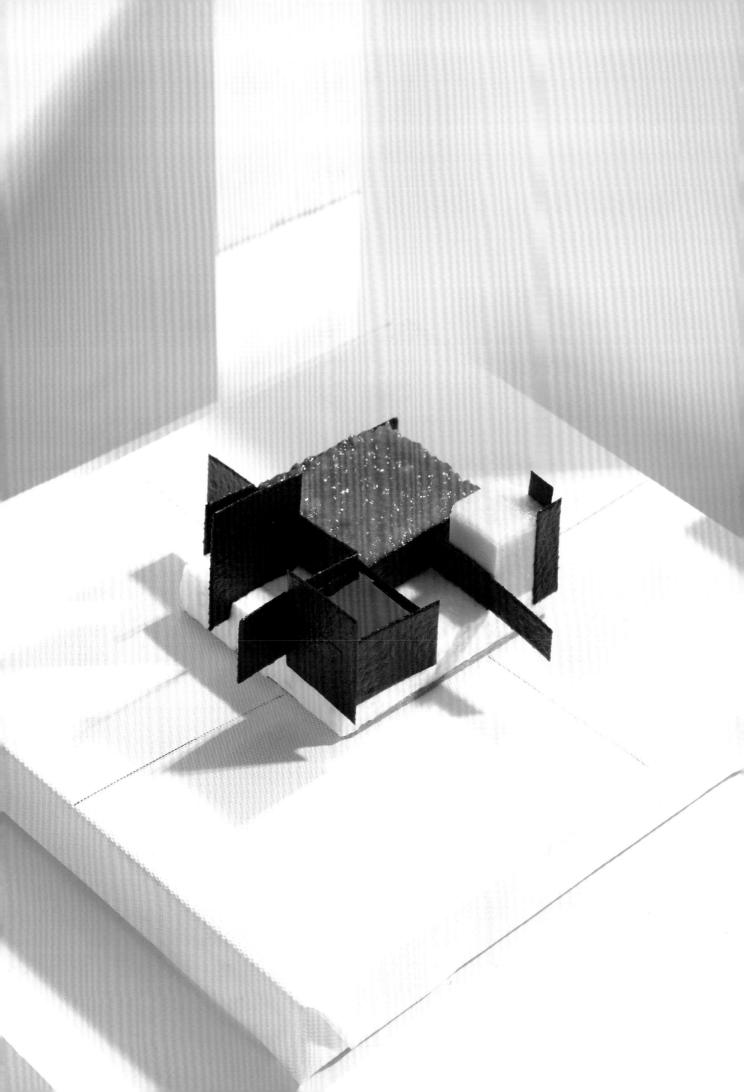

# CONTEMPORARY NY CHEESECAKE
## 現代主義的紐約起士蛋糕

這款紐約乳酪蛋糕的造型特殊，創作靈感來自於兩位名家的作品，一位是現代主義建築大師密斯‧凡‧德羅（Ludwig Mies van der Rohe），另一位則是幾何形體派畫家皮特‧科內利斯‧蒙德里安（Piet Mondrian）。德羅以玻璃及鋼鐵作為結構主體，提出「少即是多」的建築理念；蒙德里安最為人熟知的作品是〈紅黃藍的構成〉，透過三原色的組合進行創作。

我曾在德國欣賞過德羅的建築，後來又在紐約的MOMA親見德羅的藍曬圖及蒙德里安的畫作，印象深刻。這兩位大師生長於同時代，在20世紀早期分別將建築、藝術從古典帶往現代，充滿前瞻性，深深影響著後來的設計與建築，也對我的甜點設計有著相當的啟發。

在創作乳酪蛋糕的過程中，我回想起平面的藍曬圖及畫作對於空間的分割、比例有其相似之處，決定結合蛋糕與平面畫作，後來想想，又覺得2D平面過於單調，於是嘗試將畫作轉為3D立體，如同建築般，有橫看成嶺側成峰的趣味。黃色塊來自於鹹檸檬、芒果及番紅花，紅色為紅甜椒及百香果的組合，藍色則是藍莓果醬及蝶豆花。回歸基本、打破框架，建築、設計如此，甜點的創作也是如此。

## CINNAMON LINZER 肉桂林茲餅乾

Butter 奶油　100g
Sugar 砂糖　35g
Salt 鹽　1.2g
Hard boiled egg yolk 煮熟蛋黃　20g
Almond powder 杏仁粉　20g
Cake flour 低筋麵粉　113g
Cinnamon powder 肉桂粉　2g
Baking powder 泡打粉　1.6g

將雞蛋煮熟，冷卻後，取出蛋黃過篩備用。
奶油、砂糖及鹽攪拌至軟後，加入過篩的蛋黃與一同過篩的杏仁粉、低筋麵粉、肉桂粉及泡打粉，拌成團置於冷藏靜置隔夜。
將麵團擀至厚0.1公分，冷藏冰硬後切成7公分的正方形。
以160°C烘烤8分鐘即可。


## SOUR CREAM CHANTILLY 酸奶香緹

Sour cream 酸奶油　100g
Cream 鮮奶油　50g
Icing sugar 純糖粉　20g

將所有食材拌勻即可。


## CHEESECAKE 乳酪蛋糕

Mold：W25cm×L25cm×H2cm square
Cream cheese 奶油乳酪　315g
Sugar 砂糖　95g
Sour cream 酸奶油　125g
Cream 鮮奶油　22.5g
Egg yolk 蛋黃　11g
Egg 雞蛋　75g
Cake flour 低筋麵粉　15g
Lemon juice 檸檬汁　10g

酸奶油、鮮奶油、蛋黃及雞蛋拌勻備用。
奶油乳酪放入微波爐加熱軟化置於鋼盆中，接著加入砂糖拌勻。
再分三次加入作法1液體拌勻。
最後加入過篩低筋麵粉拌勻後，再加入檸檬汁拌勻，倒入置於矽膠布上的模具中。
以95°C烤焙15分鐘。放涼脫模後置於冷凍冰硬。
上層抹上上一個食譜酸奶香緹，再放入冷凍冰硬。取出後，切成7公分正方體。

## BLUEBERRY JAM 藍莓果醬

Blueberry puree 藍莓果泥　100g
Neutral glaze 鏡面果膠　100g
Sugar 砂糖　5g
Blueberry 藍莓　60g

將新鮮藍莓切半備用。
剩餘食材置於煮鍋中煮滾，燉煮5分鐘，加入新鮮藍莓粒再燉煮5分鐘。冷卻備用。

## BLUE JELLY 蝶豆花果凍

Mineral water 飲用水　150g
Butterfly pea flower 蝶豆花　1g

Blue water 蝶豆花水　100g
Sugar 砂糖　10g
Gelatin 吉利丁片　1.75pcs

將飲用水與蝶豆花一同煮滾，悶5分鐘。
過濾出蝶豆花水，加入砂糖及泡開融化後的吉利丁片，倒入平鐵盤中，厚度0.7公分。
置於冷藏冰硬後，切成2.5公分正方形。

## RICE PASTE 米漿

Mineral water 飲用水　1000g
Milk 牛奶　150g
Rice 白米　150g
Sugar 砂糖　120g

牛奶、白米、砂糖及飲用水一起加熱煮滾，以小火燉煮約半小時至黏稠粥狀。
放入食物調理中機打成泥糊狀過篩，冷卻備用。

## RICE TUILE 米漿薄片

Rice paste 米漿　125g
65% dark chocolate 65%苦甜巧克力　20g
Bread flour 高筋麵粉　30g
Icing sugar 純糖粉　30g
Bamboo charcoal 竹炭粉　2.5g

將米漿與65%苦甜巧克力隔水融化拌勻。
將巧克力米漿與剩餘食材拌勻。使用模板將米漿抹於矽膠布上，以160°C烤8分鐘。
存放於乾燥保鮮盒中。

## SALTED LEMON CONFIT 糖漬鹹檸檬碎

Sugar 砂糖　200g
Mineral water 飲用水　200g
Salt 鹽　10g
Saffron 番紅花　20pcs
Fresh lemon 新鮮黃檸檬　3pcs

黃檸檬切成0.2公分薄片，去籽。
將所有食材一同煮滾後燉煮5分鐘。隔冰降溫。
將多餘水分過濾，將果肉切碎。

## MANGO CREAM 芒果餡

Mango puree 芒果果泥　150g
Egg 雞蛋　55g
Sugar 砂糖　60g
Butter 奶油　55g
Lemon zest 檸檬皮絲　1pc
Gelatin 吉利丁片　1pc
Lemon juice 檸檬汁　5g

將芒果果泥、雞蛋、砂糖、奶油及檸檬皮絲放入 Thermomix 食物調理機中混合均勻，並加熱至98°C，煮30分鐘。
再加入吉利丁片與檸檬汁拌勻，隔冰降溫至50°C，以手持均質機拌勻倒入平鐵盤中，厚度為2公分。置於冷凍冰硬。
上層抹上糖漬鹹檸檬碎，厚度為0.2公分，置於冷凍冰硬。
切成2公分立方體。

## RED PAPRIKA CONFIT 糖漬紅甜椒果醬

Peeled red paprika 去皮紅甜椒　100g
Sugar 砂糖　50g
Mineral water 飲用水　50g

將紅甜椒切半去籽，以100°C蒸30分鐘，去皮。
將紅甜椒、砂糖及飲用水煮滾後以小火燉煮10分鐘，冷卻備用。
將多餘水分過濾，將果肉切碎。


## RED PAPRIKA PASSION PARFAIT 紅甜椒凍糕

Red paprika puree（1）紅甜椒果泥（1）　90g
Passion fruit puree 百香果果泥　30g
Egg yolk 蛋黃　50g
Sugar（1）砂糖（1）　30g
Gelatin 吉利丁片　3.5pcs
Red paprika puree（2）紅甜椒果泥（2）　90g
Italian meringue 義大利蛋白霜　50g
　　Egg white 蛋白　50g
　　Sugar（2）砂糖（2）　100g
　　Mineral Water 飲用水　30g
Cream 鮮奶油　80g
Red paprika confit 糖漬紅甜椒碎　70g

將蛋白置於攪拌缸中開始攪拌，砂糖（2）與飲用水煮至118°C後，沖入蛋白中打發做成義式蛋白霜。
將紅甜椒果泥（1）、百香果果泥、蛋黃及砂糖（1）一同煮至83°C。加入吉利丁片拌勻。
將作法2倒入紅椒果泥（2）中拌勻，隔冰降溫，拌入義式蛋白霜、打發鮮奶油及糖漬紅甜椒碎拌勻即可，倒入平鐵盤中，厚度為2公分，置於冷凍冰硬。
上層抹上糖漬紅甜椒果醬，厚度為0.2公分，再於表面抹上一層極薄鏡面果膠。冰於冷凍冰硬。
切成4.5公分方體，保持冷凍狀態。


## TO FINISH

將肉桂林茲餅乾置於底部，並放上乳酪蛋糕。
將芒果餡與紅甜椒凍糕置於相對位置上，貼上米漿薄片。
倒入藍莓果醬，再以蝶豆花果凍覆蓋於上方。

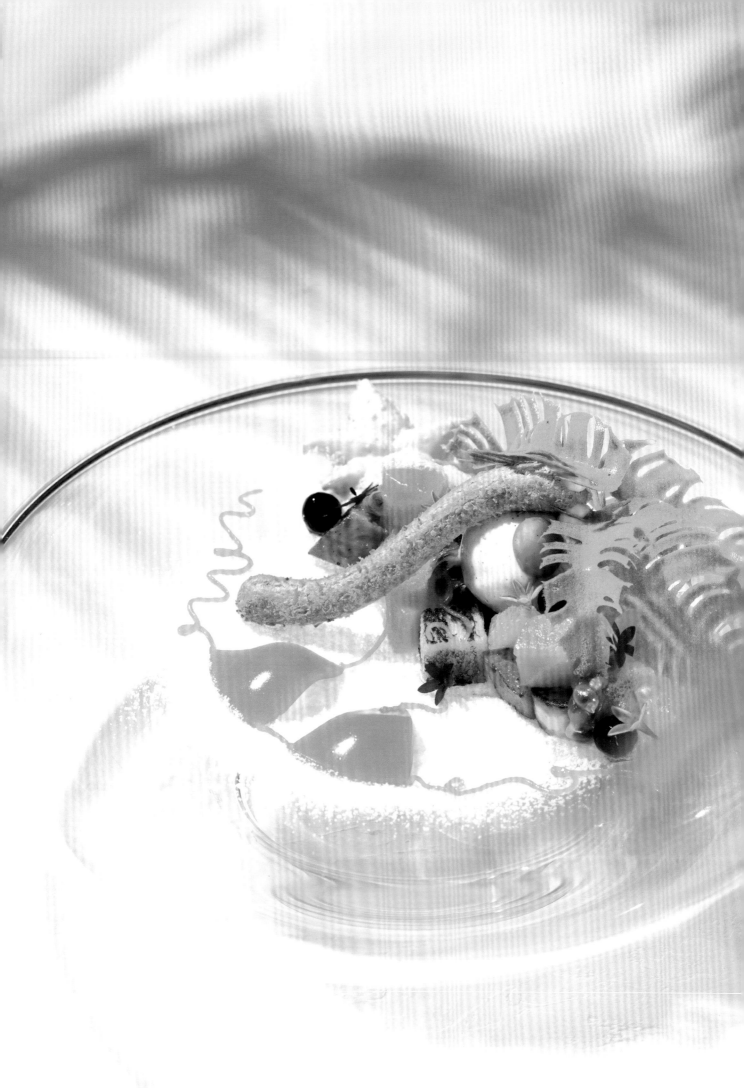

# BREAKFAST AT TAHITI
## 大溪地的早餐

我會從Instagram的美照找靈感，但不是搜尋具象的甜點，而是「抽象的概念」。若想做一個代表夏季的甜點，我會想到海灘、比基尼，輸入關鍵字「海灘的比基尼女郎」，瞬間，就出現理想畫面。那是南太平洋的大溪地，椰子樹影搖晃、海星被海浪輕推到纖細無瑕的沙灘上，她的美，舉世公認。

既然主題是大溪地，一定少不了高品質的香草莢，而大溪地又是法國屬地，我於是製作了冰淇淋、法式吐司，靈感一一浮現。身處熱帶雨林，我放進許多熱帶水果，木瓜、香蕉、椰子葉、芒果果凍、以及鳳梨果泥做成的棉花糖。咦，畫面中的女郎到哪裡去了？這個視覺上的空缺，就讓品嘗者從味覺的想像中去填補吧。

## COCONUT CUSTARD 椰子卡士達

Coconut puree 椰子果泥　125g
Cake flour 低筋麵粉　6g
Sugar 砂糖　10g
Malibu 馬里布椰子蘭姆酒　3g

在椰子果泥中加入砂糖、低筋麵粉煮至卡士達黏稠狀態，使用保鮮膜貼於表面防止結皮，放入冷凍快速降溫。降溫後拌軟再加入馬里布椰子蘭姆酒拌勻後冷藏備用。

## RICE PASTE 米漿

Mineral water 飲用水　1000g
Milk 牛奶　150g
Rice 白米　150g
Sugar 砂糖　120g

牛奶、白米、砂糖及飲用水一起加熱煮滾，以小火燉煮約半小時至黏稠粥狀。
放入食物調理機打成泥糊狀，過篩冷卻冷藏備用。

## COCONUT LEAVES 椰子葉

Rice paste 米漿　125g
65% dark chocolate 65% 苦甜巧克力　12g
Bread flour 高筋麵粉　30g
Icing sugar 純糖粉　30g
Matcha 抹茶粉　1.5g

將米漿與65%苦甜巧克力隔水融化拌勻。
接著將巧克力米漿與剩餘食材拌勻。
將米漿抹於矽膠布上以叉子描繪出椰子樹葉狀，以160°C烤7分鐘。出爐後，趁熱塑型成椰子樹葉狀。
存放於乾燥保鮮盒中。

## YUZU FOAM 柚子泡泡

Mineral water 飲用水　100g
Sugar 砂糖　20g
Yuzu juice 日本柚子汁　10g
SOSA Cold espuma 冷用泡沫組織安定劑　10g

將所有食材混合後以均質機拌勻。使用前再用均質機攪打起泡。

## MANGO JELLY 芒果果凍

Mango puree 芒果果泥　200g
Sugar 砂糖　40g
Gelatin 吉利丁片　4pcs

芒果果泥與砂糖煮至40°C加入吉利丁片融化，倒入少量上油之鐵盤中。厚度約0.3公分。
將芒果果凍切成比基尼形狀，剩餘果凍放入食物調理機中，加入適量的飲用水打成凝膠狀，成為芒果凝膠。

## COCONUT ICING 椰子糖粉

Fine coconut 椰子粉　100g
Dextrose 右旋葡萄糖粉　100g
Decoration icing sugar 防潮糖粉　100g

將椰子粉、右旋葡萄糖粉及防潮糖粉放入食物調理機中，打成粉狀備用。

## MARSHMALLOW 棉花糖

Egg white 蛋白　100g
Sugar（1）砂糖（1）　15g
Sugar（2）砂糖（2）　200g
Glucose 葡萄糖漿　70g
Pineapple puree 鳳梨果泥　75g
Gelatin 吉利丁片　7pcs
Citric acid 檸檬酸　3g
Hot water 熱水　3g
Pineapple reduction 鳳梨濃縮　120g

將蛋白與砂糖（1）打發；再將砂糖（2）、葡萄糖及鳳梨果泥煮至127°C後倒入蛋白中，並加入已泡開的吉利丁。
檸檬酸融化於熱水中，拌入鳳梨濃縮與打發棉花糖拌勻，即是鳳梨棉花糖。
矽膠布噴油後將鳳梨棉花糖擠成海星形狀。置於冷藏定型，底部沾上烤過椰子粉。

## PINEAPPLE REDUCTION 鳳梨濃縮

Pineapple puree 鳳梨果泥　150g
Myer's rum 麥斯蘭姆酒　30g

將鳳梨果泥倒入煮鍋中，濃縮至一半重量後，加入蘭姆酒再濃縮至80克重，隔冰降溫備用。


## FRENCH TOAST MIX 法式吐司麵漿

Egg yolk 蛋黃　60g
Vergeoise 初階細金砂糖　75g
Coconut puree 椰子果泥　300g
Malibu 馬里布椰子蘭姆酒　45g
Toast 吐司　Q/S

將所有食材混合均勻。
吐司去邊切成2公分立方體。
吐司放入麵漿中浸泡約10秒撈出。
放入不沾平底鍋中，用奶油煎至各面金黃。


## CHOUX TREE BRANCH 泡芙樹幹

Mineral water 飲用水　150g
Milk powder 奶粉　15g
Sugar 砂糖　3g
Salt 鹽　2.5g
Butter 無鹽奶油　70g
T55 flour　T55法國傳統麵粉　90g
Egg 雞蛋　160g

水、奶粉、砂糖、鹽、奶油置於煮鍋中煮滾關火，加入過篩的T55快速拌成團。
開火將麵團加熱至糊化，鍋底會形成一層薄膜，離火倒入攪拌缸中。
分成多次慢慢加入雞蛋待麵糊乳化後擠成樹幹狀；麵糊上均勻撒上烘烤過椰子粉，以160°C烤20分鐘。


## VANILLA GELATO 香草冰淇淋

Milk 牛奶　300g
Cream 鮮奶油　225g
Sugar 砂糖　80g
Stabilizer 冰淇淋穩定劑　4.8g
Vanilla pod Tahiti 大溪地香草莢　1pc
Trois Rivieres Rum 三河白蘭姆酒　15g

將大溪地香草莢切開取籽與牛奶及鮮奶油煮滾，悶10分鐘。
再加入砂糖與冰淇淋穩定劑加熱至81.5°C。
隔冰降溫後，加入三河白色蘭姆酒以手持均質機均質，接著倒入Pacojet容器於冷藏中靜置隔夜。
使用前，置於急速冷凍冰硬，再以Pacojet機器攪打即可。


## TO FINISH

Papaya 木瓜
Banana 香蕉
Butter 奶油
Brown sugar 二砂
Trois Rivieres Rum 三河白蘭姆酒
Passion fruit pulp 百香果粒
Mango 芒果
Orange 柑橘
Macadamia nuts 夏威夷果仁
Black pearl 珍珠
Flowers 食用花

在盤子上抹上一層椰子卡士達，撒上椰子糖粉。
將切好的木瓜、香蕉以奶油煎至兩面稍微上色，撒上適量二砂並用三河白色蘭姆酒嗆鍋。
依序放上法式吐司、香蕉、木瓜、芒果、柑橘、珍珠、百香果粒及食用花於盤中。
接著以椰子卡士達擠上兩個小點於盤子上，並放上比基尼芒果果凍、擠上芒果凝膠後，再依序放上柚子泡泡、海星。
最後放上香草冰淇淋、泡芙樹幹、椰子樹葉及夏威夷果仁。

# PORCINI
## 甜蜜的牛肝菌

我一直嘗試在甜點裡運用不同的食材，像是菇類，過去我曾製作鴻喜菇口味的甜點，美味不違和。而香氣豐厚的牛肝菌，芳香迷人，一直是義大利燉飯的好搭檔，何不來做一個甜中帶鹹的燉飯甜點？

我同時使用乾燥及新鮮冷凍的牛肝菌，乾燥牛肝菌做成甜口味的燉飯及蛋白霜，再將新鮮冷凍的牛肝菌做成焦糖口味，牛肝菌天生就有它婉約細緻的香氣，在烹煮後更加濃郁，不同作法帶來多重的口感風味，堆疊出秋天的氣息。盛盤時，依照義式燉飯的作法，將甜燉飯加熱並打入奶油，增加稠滑度，同時刨上帕馬森乾酪，讓鮮味及鹹味伴隨米飯入口。最後以糖漬栗子、糖漬黑醋栗、焦糖牛肝菌菇、泡芙樹枝及過貓點綴，甜中又帶鮮味的燉飯，呈現出秋收的豐暖滋味。

## PORCINI MILK RISOTTO 牛肝菌燉飯

Dried porcini 乾燥牛肝菌菇　10g
Sugar 砂糖　40g
Mineral water 飲用水　200g
Milk 牛奶　400g
Rice 白米　100g

將乾燥牛肝菌切成0.3公分小丁狀。
將所有食材置於煮鍋中，煮滾後小火燉煮13分鐘。過程中，需適時攪拌，否則容易燒焦。
倒入保鮮盒中，冷卻備用。

## Cassis confit 糖漬黑醋栗

IQF Cassis 冷凍黑醋栗粒　30g
Mineral water 飲用水　10g
Sugar 砂糖　10g

將所有食材煮滾後，燉煮5分鐘。

## CHOCOLATE CHOUX TREE BRANCH 巧克力泡芙樹枝

Mineral water 飲用水　150g
Milk powder 奶粉　15g
Sugar 砂糖　40g
Salt 鹽　2.5g
Butter 無鹽奶油　70g
T55 flour　T55法國傳統麵粉　85g
Cocoa powder 可可粉　8g
Egg 雞蛋　160g
Cocoa nibs 可可碎豆粒　Q/S

水、奶粉、砂糖、鹽、奶油置於煮鍋中煮滾關火，再加入一同過篩的T55麵粉及可可粉快速拌成團。
開火將麵團加熱至糊化，鍋底會形成一層薄膜，離火倒入攪拌缸中。
分成多次慢慢加入雞蛋待麵糊乳化後，於矽膠布上沿著直徑10公分圓形周圍擠成樹枝狀，上方撒上可可碎豆粒。
以170°C烤10分鐘。存放於乾燥保鮮盒中。

## RICE PASTE 米漿

Mineral water 飲用水　1000g
Milk 牛奶　150g
Rice 白米　150g
Sugar 砂糖　120g

將牛奶、白米、砂糖及飲用水一起加熱煮滾，以小火燉煮約半小時至黏稠粥狀。
再以食物調理機打成泥糊狀，過篩冷卻備用。

## AUTUMN LEAVES 秋葉

Rice paste 米漿　125g
41% milk chocolate 41%牛奶巧克力　12g
Bread flour 高筋麵粉　30g
Icing sugar 純糖粉　30g
Food coloring 食用色素　Q/S

米漿與41%牛奶巧克力隔水融化拌勻。
將巧克力米漿與剩餘食材拌勻。使用楓葉與銀杏葉模板將米漿抹於矽膠布上，以160°C烤8分鐘。
存放於乾燥保鮮盒中。

## SALTED CARAMEL PORCINI 焦糖牛肝菌菇

IQF porcini 冷凍牛肝菌菇　180g
Sugar 砂糖　50g
Mineral water 飲用水　200g
Cream 鮮奶油　100g
Salt 鹽　1.2g

將冷凍牛肝菌菇切成三等份。
糖煮至焦糖化沖入熱水，加入鮮奶與及鹽，再加入牛肝
菌菇煮滾後，小火燉煮30分鐘關火即可。
使用前，需回溫至50°C左右。

## CHESTNUT CREAM　栗子餡

Chestnut paste 栗子醬　200g
Butter 奶油　55g

將栗子醬與軟化奶油拌勻即可。

## PORCINI MERINGUE 牛肝菌蛋白霜

Dried porcini 乾燥牛肝菌菇　10g
Mineral water 飲用水　30g
Egg white 蛋白　200g
Egg white powder 蛋白粉　20g
Sugar 砂糖　80g
Salt 鹽　2g
Icing sugar 純糖粉　80g

乾燥牛肝菌菇與飲用水一同煮滾，悶5分鐘，撈出。
將牛肝菌菇、蛋白及蛋白粉放入食物調理機內打勻。接
著置於攪拌缸中打發，分三次加入砂糖與鹽。
打發蛋白加入過篩糖粉拌勻。
於矽膠布上擠出大小不一的水滴狀及圓形。
以85°C烘烤2小時至乾燥。存放於乾燥保鮮盒中。

## TO FINISH

Porcini powder 牛肝菌菇粉
Parmesan cheese 帕瑪森乾酪
Pine nuts 松子
Light syrup chestnut confit 糖漬栗子
Vegetable fern 過貓

取40克牛肝菌燉飯加入食譜份量外奶油3克，煮至55°C ，加入份量外蛋黃3克，拌勻即可。置於盤中央。
燉飯上方放上適量松子，刨上適量帕瑪森乳酪。
再依序放上糖漬栗子、糖漬黑醋栗、焦糖牛肝菌菇、泡芙樹枝及已氽燙的過貓。
接著放上用栗子餡與牛肝菌蛋白霜組合成的蘑菇，及裝飾秋葉。
最後撒上牛肝菌菇粉。

# NOSTALIA
## 鄉愁

這個字是義大利文的「鄉愁」,即是英文中的「Nostalgia」。在西班牙工作生活的那段期間,我有很多好朋友都來自義大利,休假時,我常往義大利跑,有很多美好時光是在南義小鎮度過的,充滿陽光灑灑的回憶。

因此,我想做一個屬於義大利多天的「溫甜點」,冷熱交錯,於是解構義式經典甜點「提拉米蘇」的靈感就迸發了。馬斯卡邦乳酪混合鮮奶油做成香緹,改變沙巴雍質地、利用氮氣瓶做成溫熱的馬莎拉酒泡泡(Marsala espuma),巧克力則做成清涼爽口的冰沙。傳統提拉米蘇的口味頗甜,我想以些許酸味來平衡,紅葡萄烤至內裡果汁流出、外皮乾燥窊皺,取出後,浸漬在巴薩米克醋裡,直到葡萄果皮吸足了醋汁,酸香甜嫩,能畫龍點睛。增添視覺感的樹葉及樹枝,分別是咖啡及巧克力口味,呼應提拉米蘇本身的味道。

這道重新詮釋的經典甜點,盛裝著我的義大利時光。

## BISCUIT A LA CUILLERE 手指餅乾

40cm×60cm tray
Egg yolk 蛋黃　200g
Sugar（1）砂糖（1）　100g
Egg white 蛋白　300g
Sugar（2）砂糖（2）　150g
Cake flour 低筋麵粉　300g

將蛋黃與砂糖（1）置於攪拌缸中一同打發。
將蛋白置於另一個攪拌缸中打發。砂糖（2）分三次加入打發成蛋白霜。
取一部分蛋白霜加入作法1中，拌入過篩好的低筋麵粉，稍微拌勻，再加入剩餘蛋白霜拌勻。
倒入烤盤中，以170°C烤焙8分鐘。
出爐置於涼架上，冷卻後以直徑5.5公分模具切成圓形。

## MARSALA ESPUMA 馬莎拉 ESPUMA

Sugar 砂糖　120g
Marsala wine 馬莎拉葡萄酒　105g
Egg yolk 蛋黃　120g
Crema balsamico 巴薩米可醋　9g

將所有食材一同煮成沙巴雍狀。倒入氮氣瓶中，打入一罐氮氣。
保存於50°C熱水浴中。

## MASCARPONE CHANTILLY 馬斯卡邦乳酪香緹

Mascarpone 馬斯卡邦乳酪　250g
Cream 鮮奶油　100g

將所有食材混合均勻。

## CAFE SYRUP 咖啡糖漿

Mineral water 飲用水　300g
Espresso Coffee powder 義式咖啡粉　30g
Instant coffee powder 即溶咖啡粉　2.5g
Sugar 砂糖　60g
Armagnac 雅馬邑白蘭地　5g

將飲用水與義式咖啡粉一同煮滾，悶5分鐘。
再加入剩餘食材拌勻。隔冰降溫備用。

## MAPLE CAFE LEAVES 秋葉

Maple syrup 楓糖漿　150g
Instant coffee powder 即溶咖啡粉　5g
Hot water 熱水　10g
Sticky rice paper 糯米紙　Q/S
Gold powder 金色色粉　Q/S

將即溶咖啡粉加入熱水拌勻後，加入楓糖漿拌勻備用。
使用三張糯米紙，將咖啡楓糖液刷於每張中間，去除多餘的空氣，再切割成樹葉形狀。
置於矽膠布上，以170°C烤5分鐘。
出爐後使用矽膠樹葉模具壓上紋路。
表面刷上金粉，保存於乾燥保鮮盒中。

## CHOCOLATE BRANCH 巧克力樹枝

70% dark chocolate 70% 苦甜巧克力　100g
Cocoa nibs 可可碎豆粒　10g
Espresso coffee powder 義式咖啡粉　3g
Hazelnut 榛果　Q/S

將可可碎豆粒與咖啡粉一同打碎，再加入調溫後的巧克力中。
放入擠花袋擠成樹枝形狀，再撒上份量外可可碎豆粒。
將烤過的榛果以份量外的巧克力黏於樹枝上。

## CHOCOLATE SORBET 巧克力冰沙

Mineral water 飲用水　450g
Sugar 砂糖　120g
Stabilizer 冰淇淋穩定劑　2.7g
Trimoline 轉化糖漿　22.5g
70% dark chocolate 70% 苦甜巧克力　145g
100% cocoa mass 100% 純苦巧克力　37.5g

將飲用水、砂糖、冰淇淋穩定劑及轉化糖漿一同加熱至85°C。
倒入苦甜巧克力及純苦巧克力中再以手持均質機均質隔冰降溫。接著倒入Pacojet容器於冷藏中靜置隔夜。
使用前，置於急速冷凍冰硬，再以Pacojet機器攪打即可。

## ROASTED RED GRAPE 烤紅葡萄

Red grape 紅葡萄　Q/S
Aged balsamico 陳年巴薩米可醋　Q/S

將紅葡萄以170°C烘烤20分鐘。取出後，趁熱倒入陳年巴薩米可醋拌勻。

## TO FINISH

將馬斯卡邦乳酪香緹擠成甜甜圈形狀於盤底，於孔洞中放置一球橄球狀巧克力冰沙。
將手指餅乾浸泡於咖啡糖漿中，置於平鐵盤中，瀝出多餘水分。
完整地灑上可可粉，再置於巧克力冰沙上方。
放置3顆烤過的紅葡萄於盤上，再擠上溫熱馬莎拉espuma於側邊。
最後以巧克力樹枝與秋葉裝飾。

# ISHINOMAKI

石
卷

美麗的日本宮城小鎮「石卷」，是我永遠的故鄉。

2011 年 3 月 11 日，日本東北外海的大地震引發海嘯，重創東北，也包括了我父母的家鄉石卷。我在美國求學長大，但每逢暑假就會回到石卷，那裡有外婆、奶奶的家，寄存著我許許多多的童年回憶。地震發生後，我們有幾乎一週的時間聯繫不上外婆，那時真的好焦急啊，還好後來她平安無事。而這個事件也讓我決定回到亞洲工作，能夠離家人近一點。

2016 年，我當時已是樂沐的甜點主廚，那年春天，我們特別在台北舉辦慈善餐會，以「Ishinomaki 石卷」為主題來設計盤式甜點，並將所得資助日本311 大地震中受災的居民。以毛豆、白蘿蔔（大根）、抹茶、山茼蒿入甜點，是我對石卷的回憶，也用上了擂茶、酒釀等我在台灣遇見的美好食材，這兩片土地滋養著我。後來，外婆離世，我就把想念她的心情，轉化成這一道道的甜點。

我相信，溫柔的甜點，也有堅毅無比的力量。

# EDAMAME PUDDING
## 毛豆布丁

我把兒時記憶裡的食材，都放到這道甜點來了。在宮城縣，毛豆、大豆與米都是重要的農產，以大豆、米製成的味噌也相當知名，尤其毛豆泥可以說是無所不在，通常會做成甜點，代替紅豆泥或綠豆泥。

軟溜滑口的布丁，是孩子們的最愛，我把毛豆做成布丁，味噌做成磅蛋糕及冰淇淋，再將柴魚昆布高湯跟鮮奶油打成香緹，如醬汁般淋在布丁上，最後以毛豆仁及油炸的稻穗作爲裝飾。很日本的味噌、毛豆、米、昆布柴魚高湯，以很西方的技法呈現，組合成我對宮城與石卷的回憶。

## EDAMAME PUDDING 毛豆布丁

Milk 牛奶　500g
Edamame bean 毛豆　200g

Edamame milk 毛豆牛奶　450g
Egg yolk 蛋黃　100g
Sugar 砂糖　60g

毛豆置於滾水中煮5分鐘後，除去外殼。
將牛奶及毛豆一同煮滾，以手持均質機打勻，悶30分鐘。過濾，即是毛豆牛奶。
將毛豆牛奶與剩餘食材一同拌勻，過濾。
倒入碗中，每個75克，以90℃蒸烤50分鐘。冷藏保存。

## MISO POUND CAKE 味噌磅蛋糕

Mold：W21cm×L4.5cm×H4.5cm
Butter 奶油　165g
Sugar 砂糖　165g
White miso 白味噌　100g
Egg 雞蛋　165g
T55 flour T55法國傳統麵粉　153g
Baking powder 泡打粉　6g

將奶油、砂糖及味噌一同攪拌，分次加入雞蛋拌勻。
再加入一同過篩的T55麵粉及泡打粉攪拌均勻。
將170克麵糊擠入模具中，以180℃烤焙8分鐘，再以150℃烤焙10分鐘，置於網架上放涼備用。

## WHITE MISO ICE CREAM 白味噌冰淇淋

Milk 牛奶　300g
Cream 鮮奶油　225g
Egg yolk 蛋黃　25g
Sugar 砂糖　75g
Stabilizer 冰淇淋穩定劑　4.2g
Saikyo miso 西京味噌　100g

將牛奶、鮮奶油、蛋黃、砂糖及冰淇淋穩定劑一同加熱至85℃。
隔冰降溫後加入味噌，以手持均質機均質，接著倒入Pacojet容器於冷藏中靜置隔夜。
使用前，置於急速冷凍冰硬，再以Pacojet機器攪打即可。

## DASHI CHANTILLY 日式高湯香緹

Cream 鮮奶油　100g
Dashi powder 日式高湯粉　2g
Mineral water 飲用水　4g
Soy sauce 醬油　0.4g
Icing sugar 純糖粉　4g

將日式高湯粉與飲用水一同拌勻，加入剩餘食材，攪拌至微打發備用。

## TO FINISH

Matcha 抹茶粉
Edamame 毛豆仁
Deep fried rice 油炸稻穗

將日式高湯香緹倒在一半的毛豆布丁上，撒上抹茶粉。
挖一球橄球狀的白味噌冰淇淋置於中央，再將味噌磅蛋糕置於上方。
最後再放上毛豆仁與油炸稻穗。

# WALNUT TOFU
## 鷹五郎的石

鷹五郎是我的爺爺，過去爺爺的家族是做採石生意，從山裡取岩石，做成石碑、紀念碑等大型物件。我從未見過爺爺，他在我出生之前就過世了，但我自小就經常從家人口中聽到他的故事，爺爺在我心中，就是巨石的象徵，以敦實而強大的力量守護著家人，我把這樣的意象做成「鷹五郎的石」。

這道甜點的製作並不複雜，復刻我兒時記憶裡的「核桃豆腐」，是過去放暑假回石卷經常會吃到的點心，其實它也不是甜點，比較像是甜口味的開胃小菜，利用葛粉凝固成型，帶有QQ的口感；淋上淡淡的醬油醬汁，甜甜鹹鹹、充滿香氣，讓小孩子總是充滿期待。為了做出石頭般的顏色，我特別加入了竹炭粉，增加暗度，再將鋁箔紙以石頭塑形，做成中空模具，如此一來，做好的核桃豆腐就會有石頭般的外觀與紋路，最後撒上的抹茶粉，如石上的青苔，幾可亂真。

## WALNUT TOFU 核桃豆腐

Walnut 核桃　170g
Vegetable oil 植物油　24g

Walnut paste 核桃醬　100g
Sugar 砂糖　90g
Kuzu starch 葛粉　68g
Soy sauce 醬油　15g
Bamboo charcoal 竹炭粉　2g
Mineral water 飲用水　350g

將核桃及植物油以食物調理機一同打至泥狀，即是核桃醬。
將所有食材拌勻後煮滾，持續攪拌，再續煮1分鐘。
將鋁箔紙塑成石頭狀，上油後倒入核桃豆腐。
置於冷藏保存。

## SOY SAUCE GLAZE 醬油淋醬

Mineral water 飲用水　75g
Sugar 砂糖　40g
Glucose 葡萄糖　3g
Soy sauce 醬油　8g
Kuzu starch 葛粉　5g

將所有食材拌勻後煮滾，使用溫度約45℃。

## TO FINISH

Matcha 抹茶粉
Kinome leaf 山椒葉

在核桃豆腐表面撒上抹茶粉，接著分別將兩塊豆腐分開置於盤上。
在兩塊核桃豆腐中間倒上醬油醬汁，最後以山椒葉裝飾。

# MEBUKI
## 芽吹

海嘯發生在三月，正是日本初春，樹木植物準備發出新芽之際，這道甜點「芽吹」也就是此時的景象，大地一片欣欣向榮，帶著重生的希望。在這道甜點裡，我想表達不同層次的「苦味」，因此特別使用了蔬菜「山茼蒿」，這春天常見的蔬菜，帶有濃厚的香氣及淡淡的苦味，連同水、糖一起打成濃稠的醬汁，作爲底味，有種令人意想不到的美味。

「艾草」是日本及台灣都經常使用的青草，做成清爽微苦的冰淇淋；「抹茶」甘中帶苦，加入少許做成地瓜圓，更顯出地瓜的豐甜；台灣特有的「擂茶」，揉合了多種堅果的香氣，苦香馥郁。讓這幾種帶苦味的食材擔綱主角，帶來春天的新鮮滋味，在苦味過後，總能回甘。

## SHUNGIKU SAUCE 山茼蒿醬汁

Shungiku 山茼蒿　150g
Shungiku cooking water 煮山茼蒿的水　90g
Sugar 砂糖　24g

山茼蒿以滾水汆燙30秒後，冰鎮擠乾水分。
將煮山茼蒿的水隔冰降溫備用。
將山茼蒿、山茼蒿水及砂糖一同以食物調理機打勻備用。

## YOMOGI GELATO 艾草冰淇淋

Milk 牛奶　300g
Cream 鮮奶油　225g
Brown sugar 二砂　80g
Stabilizer 冰淇淋穩定劑　2.4g
Yomogi powder 艾草粉　9g

將所有食材置於煮鍋中一同加熱至81.5℃。
隔冰降溫後，以手持均質機均質，接著倒入Pacojet容器於冷藏中靜置隔夜。
使用前，置於急速冷凍冰硬，再以Pacojet機器攪打即可。

## MATCHA PUFFED RICE 抹茶米香

Puffed rice 米香　100g
Sugar 砂糖　100g
Mineral water 飲用水　30g
Matcha 抹茶粉　10g

抹茶粉與米香先拌勻備用。
將飲用水與砂糖煮至120℃後離火。
將抹茶米香倒入作法2，炒至糖漿呈現結晶狀態。放入烤箱以低溫將米香烘乾即可。
存放於乾燥保鮮盒中。

## LEI-CHA ESPUMA 擂茶 ESPUMA

Lei cha powder 擂茶粉　35g
Milk 牛奶　200g
SOSA Cold espuma 冷用泡沫組織安定劑　20g

將所有食材以手持均質機拌勻。
再倒入氮氣瓶中，灌入一瓶氮氣冷藏備用。

## MATCHA GNOCCHI 抹茶地瓜圓

Yellow sweet potato 黃色地瓜　150g
Kuzu starch 葛粉　70g
Potato starch 片栗粉　15g
Mineral water 飲用水　20g
Sugar 砂糖　25g
Matcha 抹茶粉　1g

將地瓜蒸熟後壓成泥，加入剩餘材料用手拌成團，搓成長條狀，分割成1公分立方體，冷凍備用。
將地瓜圓放入滾水中煮熟，冰鎮。浸泡於10%糖水（份量外）備用。

## TO FINISH

Shungiku leaf 山茼蒿葉
Lei cha powder 擂茶粉
Japanese mandarin 蜜柑

將25克山茼蒿醬置於盤中央均勻抹開。
上方放上10顆抹茶地瓜圓與6顆切成1公分小丁的蜜柑。
再於上方擠上15克擂茶espuma。
挖一球30克艾草冰淇淋，均勻裹上抹茶米香
於盤子正中央放上艾草冰淇淋，最後撒上擂茶粉，並以山茼蒿葉裝飾。

# ITO
系

這道盤式甜點的外觀造型相當特別，一條條細線纏繞成小球體，透白純淨，典雅柔和。靈感來自於〈系〉這首歌，是由日本資深創作型歌手中島美雪作詞曲並演唱，好美的歌。「系」就是中文裡的「線」，說的是人與人的相遇，就像縱橫交錯的線，緩緩編織成布，當有人需要的時候，能為他療傷取暖、撫平他的創傷。我當時聽了心裡既激動又感動，後來有機會舉辦慈善餐會，我就決定以「系」為主題來做一道甜點。

這道甜點的材料很單純，使用了兩種看起來無關、實際上卻相當合拍的食材：白蘿蔔與酒釀。在日本料理中，會將白蘿蔔與米同煮，好讓白米帶走蘿蔔的苦味，讓蘿蔔更加甘甜多汁，我以酒釀取代白米來浸漬白蘿蔔，酸甜香柔。球型主體則是以酒釀慕斯及酒釀香緹做成，裡頭藏了冷凍的乾燥草莓碎，增加酸度與口感。將球體冷凍之後，纏上白蘿蔔絲線，難度在於要和時間賽跑，如果動作不夠快，慕斯與香緹就會塌陷潰散。上桌時甜點的細緻呈現，讓品嘗者立即就能感受到我們的巧思與心意，那刻，我們之間的線，已經交織成布了。

## JONYAN MOUSSE 酒釀慕斯

Mold：∅ 6cm × H3cm half sphere
Fermented rice 甜酒釀　170g
Cream 鮮奶油　125g
Gelatin 吉利丁片　3pcs
Egg yolk 蛋黃　33g
Sugar 砂糖　30g
Mineral water 飲用水　10g

將蛋黃置於攪拌缸中攪拌，砂糖與飲用水煮至118℃沖入蛋黃中打發。
將甜酒釀打成泥，加熱至90℃，加入吉利丁片，隔冰降溫至35℃。
再加入打發蛋黃稍微拌勻後，放入半發的鮮奶油，輕柔拌勻。
擠入模具中，與模具同高，抹平。冷凍。

## JONYAN CHANTILLY 酒釀香緹

Mold：∅ 6cm × H3cm half sphere
Fermented rice 甜酒釀　120g
Cream 鮮奶油　80g
Sugar 砂糖　20g

將甜酒釀打成泥，加熱至90℃，隔冰降溫冷卻。
再拌入半發的香緹，擠入模具中，與模具同高，抹平。冷凍。

## JONYAN DAIKON STRING 酒釀大根絲

Fermented rice 甜酒釀　500g
Mineral water 飲用水　250g
Sugar 砂糖　250g
Daikon 大根　500g

將甜酒釀、飲用水及砂糖一同煮滾，隔冰降溫。
大根以蔬果旋轉刨絲器刨成絲。
大根絲放入滾水中汆燙，冰鎮。
瀝乾多餘水分，浸泡於酒釀糖水中，置於冷藏靜置隔夜。
將大根絲從糖水中取出，切成8公分長條狀。

## TO FINISH

Dehydrated sakura petals 乾燥櫻花花瓣
Freeze dried strawberry 冷凍乾燥草莓

將酒釀慕斯置於底部，撒上冷凍乾燥草莓碎，上方蓋上酒釀香緹，塑形成圓球狀。
以酒釀大根覆蓋於圓球外圍。
置於盤中央，最後撒上乾燥櫻花花瓣。

# EXPERIMENTAL DESSERT

充
滿
實
驗
性

每當我創作甜點時，或多或少，都會加進一些新的元素，可能是食材、技巧，或是新點子。我總是希望有新的創意，但若是想法太過於抽象，實際出餐時就會有執行上的困難。對我來說，這幾道實驗性甜點就是要自我挑戰，有點明知不可爲而爲，但心裡又覺得興奮好玩、躍躍欲試，所以它們也只能做到期間限定，或是爲某個餐會特別製作。我用上了鴻禧菇、新鮮香菇，還有我之前從沒看過、多汁帶酸的石蓮花，我想成爲甜點界使用「古怪食材」的先鋒，去證明盤式甜點永遠充滿自由與想像，只要自己不畫地自限。

# NIPPONIA NIPPON
## 朱鷺

我的外婆生前是位花道老師，收藏了許多漂亮的漆器，她過世之後，家人整理外婆的遺物，留給我一只漆器托盤。赭紅色的圓盤，閃爍著漆器特有的溫潤光澤，讓我看得出神。當下，我就想把它拿來盛裝我的甜點創作，「Nipponia Nippon」於是誕生。

這道盤式甜點的發想原點，是為了向El Celler de Can Roca的甜點主廚Jordi Roca致敬。Jordi並非學習傳統法式甜點出身，但這反而讓他的想像力有更多揮灑空間，「Anarkia」就是他的代表甜點之一，字面意思是混亂的無政府狀態，由超過40種元素的小點所組成的盤式甜點，沒有固定的擺盤呈現，甚至連食材也會依時節而有變化，極複雜費工，看似雜亂無章，卻能為五感帶來全新體驗。

Nipponia Nippon是瀕危鳥類「朱鷺」的學名，和日本有著深厚的淵源，而這兩個字分開來剛好也都有「日本」的意思，我以此為名，刻意讓這道甜點「很日本」，由超過20種日式點心組成，個個袖珍小巧，糯米紙做成的飛鳥，象徵朱鷺，裡頭鑲填以糖漿裹成的米香；黑白芝麻豆腐醬、抹茶醬、焙茶及玄米茶醬，都是經典的日本口味；梅酒果凍、清酒泡泡、山椒太妃糖、日式高湯香緹，以典型日本食材搭配法式甜點技法，讓日本滋味更豐富多元。這些關於祖母、關於日本的回憶，一點一滴的滋養著我的生命，是我永遠的鄉愁。

RICE PAPER CRANE 糯米紙鶴

Sticky rice paper 糯米紙　Q/S

以糯米紙摺出紙鶴。


PUFFED RICE 米香

Puffed rice 米香　100g

Sugar 砂糖　100g

Mineral water 飲用水　30g

將飲用水與砂糖煮至120°C後離火。

將米香倒入作法1，炒至糖漿呈現結晶狀態。

放入烤箱以低溫將米香烘乾即可。裝入糯米紙鶴中。


BLACK/WHITE SESAME TOFU SAUCE 黑/白芝麻豆腐醬

Stiff tofu 板豆腐　100g

Black/white sesame paste 黑/白芝麻醬　30g

Sugar 砂糖　20g

以同份量配方，做出2種芝麻豆腐醬。

板豆腐去硬皮，將豆腐、砂糖及芝麻醬打成滑順狀。


HOUJI-CHA/ GENMAI-CHA SAUCE 焙茶/玄米茶醬

Milk 牛奶　140g

Houji-cha/ Genmei-cha 焙茶/玄米茶　10g

Sugar 砂糖　20g

Cake flour 低筋麵粉　4g

以同份量配方，做出2種茶醬。

將牛奶與茶葉一同煮滾，悶5分鐘。

過濾出茶湯，加入砂糖、低筋麵粉再一同煮滾。


MATCHA SAUCE 抹茶醬

Milk 牛奶　100g

Matcha 抹茶粉　3g

Sugar 砂糖　20g

Cake flour 低筋麵粉　4g

將所有食材一同煮滾。


YOMOGI MOCHI BALL 艾草麻糬球

Shiratamako 白玉粉　50g

Yomogi powder 艾草粉　5g

Mineral water 飲用水　55g

將所有食材以手拌成團。分成每個8克。

放入滾水中煮熟。冰鎮，浸泡於20%糖水(份量外)備用。


RED BEAN PASTE 紅豆泥

Red bean 紅豆　Q/S

Sugar 砂糖　Q/S

將紅豆於滾水中煮軟。

濾出多於水分，再加入煮熟紅豆50%重量的砂糖。

再度加熱至泥狀。

覆蓋於艾草麻糬球上方。


MOCHI BALL 麻糬球

Shiratamako 白玉粉　50g

Mineral water 飲用水　45g

將所有食材以手拌成團。分成每個8克。

放入滾水中煮熟。冰鎮，浸泡於20%糖水(份量外)備用。

## SOY SAUCE GLAZE 醬油淋醬

Mineral water 飲用水　75g
Sugar 砂糖　40g
Glucose 葡萄糖漿　3g
Soy sauce 醬油　8g
Kuzu starch 葛粉　5g

將所有食材一起煮滾，使用溫度約45°C。
淋於麻糬球上方。

## KUZU MOCHI 葛粉麻糬

Mold：∅ 3cm×H1.5cm half sphere
Mineral water 飲用水　100g
Sugar 砂糖　25g
Kuzu starch 葛粉　20g

將葛粉、砂糖及飲用水一同拌勻加熱至卡士達狀。
擠入模具中，與模具同高。蒸10分鐘，冷卻脫模備用。

## DARK SUGAR SYRUP 黑糖糖漿

Dark sugar 黑糖　50g
Mineral water 飲用水　25g

將所有食材一起煮滾。
倒於葛粉麻糬上方。

## MISO POUND CAKE 味噌磅蛋糕

Mold：L21cm×W4.5cm×H4.5cm
Butter 奶油　165g
Sugar 砂糖　165g
White miso 白味噌　100g
Egg 雞蛋　165g
T55 flour T55 法國傳統麵粉　153g
Baking powder 泡打粉　6g

將奶油、砂糖及味噌一同攪拌，分次加入雞蛋拌勻。
再加入一同過篩T55麵粉及泡打粉攪拌均勻即可。
倒入模具中，以180°C烤焙8分鐘，再以150°C烤焙9分
鐘，置於網架上放涼備用。

## WASANBON POLVORON COOKIE 和三盆糖餅

Cake flour 低筋麵粉　100g
Almond powder 杏仁粉　25g
Butter 奶油　50g
Wasanbon sugar 和三盆糖　50g
Orange coloring 食用橘色色素　Q/S

將低筋麵粉以150°C烤焙30分鐘，放涼。
將所有食材一同混合均勻。
將麵團放入模型中按壓。脫模，以150°C烤焙10分鐘。

## DORAYAKI 銅鑼燒

Egg 雞蛋　115g
Sugar 砂糖　85g
Honey 蜂蜜　12g
Mirin 味醂　45g
Baking soda 小蘇打粉　1.5g
Cake flour 低筋麵粉　115g

將所有食材一同拌勻。
將不沾平底鍋低溫加熱，倒入麵糊。
以中火煎至單面上色後翻面，再煎10秒。

## CHESTNUT CREAM 栗子餡

Japanese chestnut paste 日本和栗泥　50g
Japanese sweet potato 日本金時地瓜　50g
Chestnut syrup 栗子糖水　15g

金時地瓜放入蒸烤箱，蒸熟取出，趁熱去皮過篩備用。
日本和栗泥過篩，加入金時地瓜泥與栗子糖水拌勻備用。
將栗子餡夾入銅鑼燒中，切成對半。

## YUZU SORBET 柚子冰沙

Mineral water 飲用水　260g
Glucose powder 葡萄糖粉　10g
Stabilizer 冰淇淋穩定劑　3.6g
Sugar 砂糖　128g
Trimoline 轉化糖漿　8g
Yuzu juice 日本柚子汁　100g

將飲用水、葡萄糖粉、冰淇淋穩定劑、砂糖及轉化糖漿一同加熱至85°C。
隔冰降溫後加入柚子汁，再以手持均質機均質，接著倒入Pacojet容器於冷藏中靜置隔夜。
使用前，置於急速冷凍冰硬，再以Pacojet機器攪打即可。

## WASABI GELATO 芥末冰淇淋

Milk 牛奶　200g
Cream 鮮奶油　150g
Sugar 砂糖　53g
Stabilizer 冰淇淋穩定劑　3.2g
Wasabi paste 芥末醬　20g

將牛奶、鮮奶油、砂糖及冰淇淋穩定劑一同加熱至85°C。
隔冰降溫後加入芥末醬，再以手持均質機均質，接著倒入Pacojet容器於冷藏中靜置隔夜。
使用前，置於急速冷凍冰硬，再以Pacojet機器攪打即可。

## GARI GINGER SORBET 醋薑冰沙

Mineral water 飲用水　310g
Gari ginger 醋薑　40g
Sugar 砂糖　128g
Stabilizer　冰淇淋穩定劑　3.6g
Glucose powder 葡萄糖粉　10g
Trimoline 轉化糖漿　8g
Rice vinegar 米醋　15g

將飲用水與醋薑一同煮滾，以均質機打勻後再悶10分鐘。
加入砂糖、冰淇淋穩定劑、葡萄糖粉及轉化糖漿一同加熱至85°C。
隔冰降溫後，加入米醋，再以手持均質機均質，接著倒入Pacojet容器於冷藏中靜置隔夜。
使用前，置於急速冷凍冰硬，再以Pacojet機器攪打即可。

## MANDARIN JELLY 柑橘果凍

Mineral water 飲用水　180g
Sugar 砂糖　20g
Agar agar 燕菜膠　2g
Mandarin 柑橘　90g

將飲用水、砂糖、燕菜膠一同煮滾，倒入平鐵盤，厚度1.5公分。再放入柑橘瓣。冷藏。
取出後切成適當大小。

## SAKURA JELLY 櫻花果凍

Mineral water 飲用水　180g
Sugar 砂糖　10g
Agar agar 燕菜膠　1.6g
Sakura liqueur 櫻花利口酒　24g

將飲用水、砂糖、燕菜膠一同煮滾。接著加入櫻花利口酒。倒入平鐵盤中，厚度1.5公分。
以櫻花切模切成櫻花形狀。

## UMESHU JELLY 梅酒果凍

Choya 梅酒　57g
Mineral water 飲用水　37g
Sugar 砂糖　6g
Gelatin 吉利丁片　1pc

將飲用水、砂糖及吉利丁片一同加熱至融化。
加入梅酒，冷卻備用。

## KOJI MALT WHITE PEACH 麴白桃

Koji malt 麴　Q/S
White peach 白桃　Q/S

將白桃切成瓣，與麴一同冷藏醃漬。

## SAKE FOAM 清酒泡泡

Sake 清酒　100g
Sugar 砂糖　10g
SOSA cold espuma 冷用泡沫組織安定劑　20g

將所有食材一同以手持均質機打出泡泡即可。

## BAMBOO MERINGUE 竹子蛋白霜

Egg white 蛋白　100g
Sugar 砂糖　40g
Icing sugar 純糖粉　80g
Matcha 抹茶粉　20g

蛋白置於攪拌缸中開始攪打，分三次加入砂糖，打發成蛋白霜。
將蛋白霜加入一同過篩的純糖粉及抹茶粉拌勻。
於矽膠布上擠成竹子形狀，以80°C烘烤2小時至乾燥。
存放於乾燥保鮮盒中。

## SANSHO PEPPER TOFFEE 山椒太妃糖

Glucose 葡萄糖漿　50g
Sugar 砂糖　35g
Cream 鮮奶油　125g
Sansho pepper 山椒　2g

將葡萄糖漿與砂糖煮至焦糖化，沖入熱鮮奶油。
加入山椒拌勻即可。

## EDAMAME PUDDING 毛豆布丁

Mold：∅ 4cm × H2cm disc
Milk 牛奶　250g
Peeled Edamame 去殼毛豆　100g
Egg yolk 蛋黃　50g
Sugar 砂糖　30g
Gelatin 吉利丁片　1pc

將牛奶與毛豆一同煮滾，以手持均質機打勻，悶30分鐘，即是毛豆牛奶。
將毛豆牛奶與剩餘食材一同拌勻，過濾。
倒入模具中，每個15克。以110°C烤焙15分鐘，冷凍。

## DASHI CHANTILLY 日式高湯香緹

Cream 鮮奶油　50g
Dashi powder 日式高湯粉　1g
Mineral water 飲用水　2g
Soy sauce 醬油　0.2g
Icing sugar 純糖粉　2g

將日式高湯粉與飲用水一同拌勻，加入剩餘食材，拌打至微發後倒於毛豆布丁上，最後以一顆毛豆裝飾。

## TO FINISH

Persimmon 柿子
Kinome leaf 山椒葉
Shiso flower 紫蘇花
Umeboshi 鹽漬梅子
Dehydrated Sakura flower 乾燥櫻花
Kinako powder 黃豆粉
Gold leaf 金箔

將五種醬汁倒於盤中央，再將糯米紙鶴置於正中央。
將其他食材隨意擺放於盤上。
最後再以裝飾食材進行裝飾。

# M CEREAL WITH CLEAR YOGURT
## 早午餐的約會

這是道佯裝成早午餐的甜點，視覺上的小遊戲，讓吃甜點變得好玩。最初設計這道甜點，是因為樂沐邀請新加坡米其林三星餐廳Odette的主廚Julien Royer來台客座，餐會主題就是「早午餐」，在早上10點45分開始，可以說是前所未有。

甜點裡水狀的澄清優格，是運用我在西班牙El Celler de Can Roca學到的技巧，透過冷凍再過濾的方式，讓優格變得剔透蕩漾。味覺上是優格，視覺上卻不見優格，帶著淡乳香。再把台灣人熟悉的杏仁豆腐奶酪放入清湯裡，製作時加進板豆腐，增加口感與香氣。趣味點來了，我把自製的覆盆子米香、玉米脆片、冷凍乾燥草莓片、奶油酥餅、夏威夷果仁等綜合穀物放進糯米紙做的透明袋裡，讓用餐者將整包綜合穀物放進清湯中，米紙融化的那刻，品嘗者不約而同「哇！」的一聲，交換了眼神，也交換了心情。

## YOGURT CONSOMME 優格清湯

Greek yogurt 希臘優格　1000g

Mineral water 飲用水　333g

Gelatin 吉利丁片　3pcs

Yogurt consommé 優格清湯　400g

Sugar 砂糖　40g

Gelatin 吉利丁片　1/2pc

將飲用水煮滾，加入吉利丁拌勻後，倒入希臘優格中。接著倒入容器中，冰於冷凍冰硬。

將優格冰塊從容器中取出，以濾布包裹，再放置於平篩網上靜置隔夜，使其自然融化與過濾，即是優格清湯。

將優格清湯、砂糖、吉利丁片一同加熱至融化。隔冰降溫置於冷藏備用。

## RASPBERRY PUFFED RICE 覆盆子米香

Puffed rice 米香　100g

Sugar 砂糖　100g

Mineral water 飲用水　30g

Freeze dried raspberry powder
冷凍乾燥覆盆子粉　10g

將冷凍乾燥覆盆子碎放入食物調理機打成粉，過篩。與米香先拌勻備用。

將飲用水與砂糖煮至120 °C後離火。

將覆盆子米香倒入作法2，炒至糖漿呈現結晶狀態。

放入烤箱以低溫將米香烘乾即可。存放於乾燥保鮮盒中。

## CRUMBLE 奶油酥餅

Almond powder 杏仁粉　50g

Cake flour 低筋麵粉　50g

Icing sugar 純糖粉　50g

Butter 奶油　50g

奶油切成薄片置於冷凍。

將杏仁粉、純糖粉及低筋麵粉置於攪拌缸中，加入奶油薄片攪拌成團即可。

麵團置於冷藏中鬆弛一晚。將麵團剁成適當大小，置於矽膠布上方。

以165°C，烤焙12分鐘至金黃上色。

冷卻後，保存於乾燥保鮮盒中備用。

## CEREAL 綜合穀物

Corn flakes 玉米脆片　32g
Raspberry puffed rice 覆盆子米香　16g
Crumble 奶油酥餅　48g
Macadamia nuts 夏威夷果仁　48g
Freeze dried strawberry 冷凍乾燥草莓　4pcs
Dried rose petal 乾燥玫瑰花瓣　80pcs
Sticky rice paper 糯米紙　Q/S

使用加熱型封口機，將糯米紙做成8公分×5公分糯米紙袋。
將所有食材置於糯米紙袋中，每包12克，以機器封口。
保存於乾燥保鮮盒中。

## APRICOT SEED TOFU 杏仁豆腐奶酪

Apricot seed 南杏　20g
Mineral water 飲用水　80g
Stiff tofu 板豆腐　50g
Sugar 砂糖　20g
Gelatin 吉利丁片　1.25pcs
Almond slice 杏仁片　Q/S
Flowers 食用花　Q/S

板豆腐去硬皮。南杏與飲用水一同煮滾後，接著與板豆腐及砂糖一同放入食物調理機打勻，過篩。
取一部分與吉利丁片一同加熱至融化，再倒回原汁液中拌勻，倒入杯子中，一杯60克。
表面貼上烘烤過杏仁片及食用花冷藏備用。

## TO FINISH

杏仁豆腐奶酪倒入100克優格清湯。
將綜合穀物袋裝入盒子中，一起上桌。

# MANDALA IN RED
## 紅色的曼陀羅

第一次看到石蓮花，就聯想到曼陀羅，花瓣圍繞著一圈圈的同心圓，讓人有種平靜安適的感覺。青綠色的石蓮花，直接入口，帶有青蘋果的風味，酸香清爽，當時我就決定要用它來製作甜點。

為了表現「紅色的曼陀羅」，我使用了大量的紅色水果，覆盆子、櫻桃、紅醋栗、無花果和迷你玫瑰花，我的理論是，顏色相近的蔬果，在口味上也會和諧相襯。較特別的是「紅寶石巧克力」（Ruby Chocolate），被稱為「第四種巧克力」，帶有天然的粉紅色澤與酸香的莓果氣息，我把它做成慕斯，成為這道甜點的基底。

在裝飾上，將莓果與石蓮花瓣順著同心圓層疊圍繞，像是在畫裡繞畫般，自在創作出一幅紅潤美麗的畫。最後襯上以苦杏仁（Bitter Almond）製作的冰淇淋，微苦帶甜的堅果香氣，搭配酸甜的曼陀羅，也讓人生的滋味更圓滿了。

## RUBY CHOCOLATE MOUSSE 粉紅巧克力慕斯

Ruby chocolate 粉紅巧克力　175g

Milk 牛奶　40g

Cream 鮮奶油（1）　40g

Sugar 砂糖　7g

Egg yolk 蛋黃　12g

Gelatin 吉利丁片　1pc

Cream 鮮奶油（2）　290g

將牛奶、鮮奶油（1）、砂糖及蛋黃一同加熱至83°C後加入融化後的吉利丁片，過篩後倒入粉紅巧克力中拌勻。
將甘納許溫度降至28°C後，加入打發鮮奶油（2）拌勻備用。

## BITTER ALMOND GELATO 南杏冰淇淋

Milk 牛奶　300g

Cream 鮮奶油　225g

Stabilizer 冰淇淋穩定劑　4.8g

Bitter almond syrup 南杏糖漿　100g

將牛奶、鮮奶油及冰淇淋穩定劑一同加熱至81.5°C。
隔冰降溫後，加入南杏糖漿以手持均質機均質，接著倒入 Pacojet 容器於冷藏中靜置隔夜。
使用前，置於急速冷凍冰硬，再以 Pacojet 機器攪打即可。

## ELDERFLOWER GLAZE 接骨木淋面

Neutral glaze 鏡面果膠　200g

Elderflower syrup 接骨木糖漿　50g

Cherry puree 櫻桃果泥　20g

Black berry puree 黑莓果泥　20g

Gelatin 吉利丁片　3pcs

Citric acid 檸檬酸　1.2g

將鏡面果膠與接骨木糖漿置於鋼盆中拌勻備用。
櫻桃果泥、黑莓果泥、吉利丁片及檸檬酸一同加熱至融化。倒入接骨木鏡面果膠中拌勻，過篩，冷藏備用。

## TO FINISH

Edible succulent plant 石蓮花

Raspberry 覆盆子

Cherry 櫻桃

Fig 無花果

Pistachio 開心果

Mini rose 迷你玫瑰花

Red currant 紅醋栗

Gold leaf 金箔

Oxalis 酢醬草

將接骨木淋面塗刷於石蓮花上。
將粉紅巧克力慕斯擠於盤上，再放上石蓮花。
依序將水果放置於空隙中。
挖一球橄球狀南杏冰淇淋於側邊，上方以酢醬草葉裝飾。

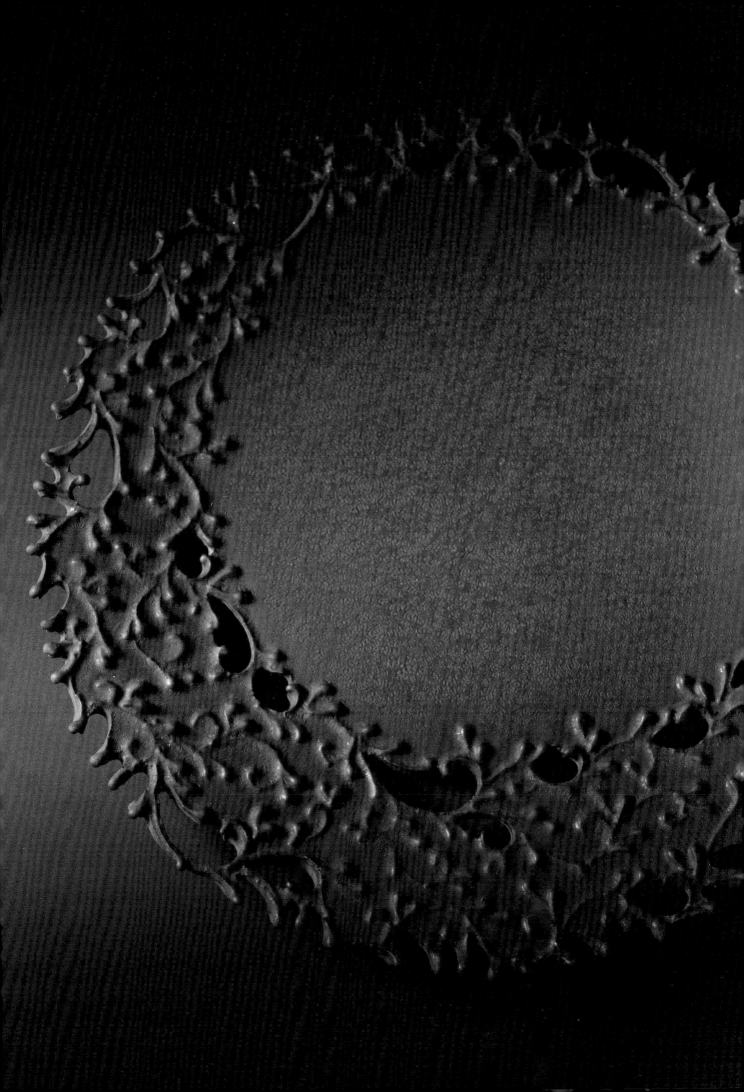

# BOSQUE ANIMADO
## 森林

Bosque Animado 是西班牙文「快樂森林」的意思，是部小孩、大人都耳熟能詳的知名動畫，許多西班牙料理及甜點主廚會以此作爲創作主題，而我的「快樂森林」，也來自於我在加泰隆尼亞的採菇經驗。

西班牙的秋天，是各種蕈菇生長的季節，加泰隆尼亞有許多小森林，我們會把車子停在林外的路上，步行進入森林。朋友們都知道哪裡能找到菇、哪些菇可以吃，這是日常、也是興之所致。蕈菇生長在陰暗潮溼的地方，因此採集活動都是在下雨過後，又濕又冷又暗，其實跟想像中陽光燦爛的快樂森林有落差，但當然留下的回憶是很愉快的。大家一起清理香菇、一起烹調，是很難忘的經驗。

這道盤式甜點可說是各種技法的總體呈現，囊括泡芙、布蕾、冰沙、餅乾、巧克力、焦糖、可頌等，口感層次豐富。因爲是秋天，我想做出煙燻的味道，將碎蘋果木屑燒到火熱，倒入鮮奶油續煮，如此做出的布蕾就會帶有煙燻味。而我特別使用台灣人相當熟悉的鮮香菇和鴻禧菇，做成甜美的焦糖香菇，希望品嘗者循著熟悉的味道，漫步秋天的快樂森林。

## SMOKED BRULEE 煙燻布蕾

Mold：∅ 6cm × H3cm half sphere
Cream 鮮奶油　220g
Walnut wood chip 核桃木　15g
Sugar 砂糖　40g
Egg yolk 蛋黃　33g
Gelatin 吉利丁　1pc

將核桃木燒至表面全黑，沖入鮮奶油煮滾悶15分鐘，即是煙燻鮮奶油。
砂糖與蛋黃先拌勻，沖入煙燻鮮奶油，過篩加入吉利丁片拌勻。
倒入模具每個18克，以110°C烤10-12分鐘後取出，置於冷凍冰硬備用。

## SWEET POTATO CREAM 地瓜餡

Japanese sweet potato 日本金時地瓜
Trimoline 轉化糖漿　50g
Crème pâtissière 卡士達　70g
（卡士達配方請參考 CHOU CHOU P236）
Échiré butter demi-sel 艾許半鹽奶油　30g
Potato shochu 芋燒酎　20g

地瓜放入蒸烤箱，蒸熟取出，趁熱去皮過篩備用。
卡士達攪拌打軟，加入地瓜泥與轉化糖漿拌勻，加入軟化奶油拌勻，再加入芋燒酎拌勻備用。

## ACORN SABLE 橡果蓋餅乾

Butter 奶油　90g
Brown sugar 二砂　75g
Salt 鹽　0.2g
Baking powder 泡打粉　3g
Cake flour 低筋麵粉　150g
Egg yolk 蛋黃　30g
Cocoa powder 可可粉　Q/S

奶油切成薄片冰於冷凍備用。
將二砂、鹽、泡打粉及低筋麵粉置於攪拌缸中，加入奶油薄片攪拌至沙粒狀，加入蛋黃成團。麵團置於冷藏中鬆弛一晚。
將麵團擀至0.3公分厚，麵團上方隨意刷上可可粉，以3公分圓齒切模壓出餅乾，置於手掌中稍微按壓做出圓弧形。放置於圓弧狀的模具上，另外取一小部分的餅乾麵團搓成團，放置於圓弧形麵團頂部。
以170°C烤10分鐘至金黃色即可出爐。

## MILK CHOCOLATE DIP 牛奶巧克力沾面

Cocoa butter 可可脂　100g
41% milk chocolate 41% 牛奶巧克力　100g
70% dark chocolate 70% 苦甜巧克力　60g
Red chocolate coloring 食用巧克力紅色色粉　Q/S

牛奶巧克力沾面與組裝橡果：分別融化可可脂與巧克力後拌在一起，加入適量紅色巧克力色粉以均質機拌勻備用。
將之前製作的地瓜餡，分成每個6克小圓球搓成橡果形狀，置於冷凍冰硬後取出，插入牙籤後沾裹巧克力沾面後放上橡果蓋餅乾，組合後置於冷藏中備用。

## SALTED CARAMEL MUSHROOM 鹽味焦糖香菇

Sugar 砂糖　150g
Mineral water 飲用水　375g
Butter 奶油　75g
Salt 鹽　1.5g
Shimeji mushroom 鴻禧菇　1 pack
Shitake mushroom 新鮮香菇　1 pack

鴻禧菇切除尾端後，用手剝成小塊、新鮮香菇切成1公分厚片。
水煮滾後，置於一旁備用。
糖煮至焦糖化沖入熱水，加入奶油、鹽、鴻禧菇、新鮮香菇片煮滾後，小火燉煮30分鐘關火。
使用前，需回溫至40°C。

## LAPSANG PERSIMMON GEL 正山小種柿子醬

Soft persimmon 軟柿子　100g
Lapsang souchong tea leaves 正山小種茶葉　2g
Sugar 砂糖　10g

先將正山小種茶葉打成細粉末，加入去皮柿子與砂糖，打成泥狀備用。

## CHOCOLATE CHOUX PINE NEEDLE 巧克力泡芙松針

Mineral water 飲用水　75g
Milk powder 奶粉　7.5g
Sugar 砂糖　20g
Salt 鹽　1.5g
Butter 奶油　35g
T55 flour T55 法國傳統麵粉　42.5g
Cocoa powder 可可粉　2.5g
Egg 雞蛋　80g

水、奶粉、糖、鹽、奶油置於煮鍋中煮滾關火，加入已經一同過篩的T55麵粉及可可粉快速拌成團。
開火將麵團加熱至糊化，鍋底會形成一層薄膜，離火倒入攪拌缸中。
分多次將雞蛋慢慢加入待麵糊乳化後擠成松針狀。以170°C烤10分鐘。

## MANDARIN SORBET 柑橘冰沙

Mandarin puree 橘子果泥　270g
Glucose powder 葡萄糖粉　10g
Stabilizer 冰淇淋穩定劑　1.4g
Sugar 砂糖　40g
Mandarin skin powder 陳皮粉　1g
Grand Marnier 干邑橙酒　10g

取一半果泥與葡萄糖粉、冰淇淋穩定劑、砂糖及陳皮粉，一同加熱至81.5°C。接著再加入剩餘果泥。
隔冰降溫後加入Grand Marnier，以手持均質機均質，接著倒入Pacojet容器中，於冷藏中靜置隔夜
使用前，置於急速冷凍冰硬，再以Pacojet機器攪打即可。

## MAPLE CROISSANT LEAVES 楓糖可頌葉子

Croissant dough 可頌麵團　Q/S
Maple syrup 楓糖漿　Q/S

將可頌麵團切成葉子形狀放入烤箱中烤焙至金黃色取出。
刷上楓糖漿後，再放入烤箱中以170°C烤至金黃酥脆口感即可。

## TO FINISH

Grape 葡萄
Apple 蘋果
Greek yogurt 希臘優格

將煙燻布蕾放至盤中央，擠上地瓜餡。
依序擺上焦糖香菇、楓糖可頌葉子、蘋果丁、去籽葡萄、橡果、巧克力泡芙松針。
擠上希臘優格，最後將一球橄欖球形的柑橘冰沙放於上方。

PRE-DESSERT

Pre-Dessert 是介於主菜及甜點之間的點心，目的是帶來口味上的轉換。傳統的法式精緻料理會在主餐之後上乳酪盤，但我觀察到，台灣人對於乳酪比較沒有太大的偏好，因此，我有時會將乳酪放進甜點中，做成鹹口味的甜點，讓乳酪更容易被接受。透過乳酪的乳脂芳香，搭配當季蔬果，讓客人有個輕鬆愉快的轉換，準備好迎接正式甜點的到來。

對我來說，正式甜點比較是「概念式」的，像是嵐山四季、睡蓮，因此會有個主題名稱，而 Pre-Dessert 則像是進行食材遊戲，以食材為主角，取名也自然保留食材元素。我在不同食材間探索新的可能性，希望帶來好玩、有趣的感受，讓人眼睛為之一亮，心裡有所期待。

# MELON, GREEN GRAPE, BITTER ALMOND
## 密瓜、白葡萄、苦杏仁

這道甜點是我在新加坡時製作的，來到台灣又加入了新元素。新加坡氣候炎熱，甜點要讓人感覺爽口清新，當時我腦中迸出「哈密瓜、葡萄與杏仁」的組合。我用中式的南杏來作法式的杏仁牛奶凍（Blanc-manger），也就是大家熟悉的杏仁豆腐，裡面還加了青檸檬絲，帶來香氣。牛奶凍上頭覆蓋綠葡萄果凍片，搭配澄透的哈密瓜甜湯，我特別將燕窩放置在奶凍下方，帶來小小的咀嚼趣味。

## BLANC MANGER 杏仁奶凍

Milk 牛奶　310g
Apricot seed 南杏　75g
Mineral water 飲用水　80g
Sugar 砂糖　60g
Cream 鮮奶油　155g
Gelatin 吉利丁片　4pcs
Lime zest 青檸皮絲　1/2pc

將飲用水與南杏一同煮滾，倒入食物調理機中。
取另一鍋，將牛奶、砂糖及吉利丁片一同加熱至融化，再與作法1一同拌勻，隔冰降溫。
再加入青檸皮絲與打發鮮奶油拌勻。冷藏備用。

## MELON SOUP 哈密瓜甜湯

Melon 哈密瓜　500g
Xantana 三仙膠　6g

將哈密瓜去籽以食物調理機打成泥，以濾布過濾出哈密瓜汁。
將哈密瓜汁與三仙膠以手持均質機打勻。
放入真空機中，抽出多餘空氣至透明狀。置於冷藏中，靜置隔夜備用。

## GRAPE DISC 綠葡萄果凍片

Green grape 綠葡萄　Q/S
Green grape juice 綠葡萄汁　80g
White wine 白酒　20g
Gelatin 吉利丁片　1pc

將綠葡萄切成薄片，鋪於塑膠紙上，交錯放置。
取一半份量的綠葡萄汁、白酒及吉利丁片一同加熱至融化，再倒入另一半綠葡萄汁拌勻。
隔冰降溫至稍微凝結，均勻地倒於作法1鋪滿的葡萄上，冰於冷凍冰硬後，以直徑7公分切模切成圓形，冷凍備用。

## SWALLOW NEST 燕窩

Nest 燕窩　10g
Mineral water 飲用水　150g
Rock sugar 冰糖　20g

將燕窩浸泡於食譜份量外飲用水中10小時。
瀝乾水分後，加入飲用水與冰糖蒸半小時至熟透。
再把燕窩浸泡於20%糖水（份量外），冷藏備用。
使用前，將多餘水分濾掉即可。

## TO FINISH

Apricot seed 南杏
Mint oil 薄荷油
White mint leaf 白薄荷葉
Flowers 食用花

將一匙燕窩置於盤中央，再將杏仁奶凍擠入覆蓋燕窩。
接著蓋上綠葡萄果凍片，倒入哈密瓜甜湯，周圍放上南杏、白薄荷葉及食用花。
最後以薄荷油點綴。

# RICOTTA, TOMATO, STRAWBERRY
## 瑞可塔乳酪、番茄、草莓

Ricotta 是以牛乳製成的新鮮乳酪，滋味清爽淡雅，做成鹹食或甜點都合適。西班牙知名三星主廚 Dani Garcia 有道招牌料理，是把西班牙番茄冷湯 Gazpacho 做成固態的番茄，我利用了這個技巧，把番茄內餡替換成 Ricotta 慕斯，外表則是番茄汁做成的淋面，搭配草莓與大黃果醬，一上桌就引人注目。

## RICOTTA MOUSSE 瑞可塔慕斯

Mold：∅ 6cm × H3cm half sphere
Ricotta cheese 瑞可塔乳酪　250g
Lemon juice 檸檬汁　15g
Salt 鹽　2.5g
Black pepper 黑胡椒　0.5g
Gelatin 吉利丁片　1.5pcs
Sugar 砂糖　60g
Egg white 蛋白　60g
Mineral water 飲用水　20g

將蛋白置於攪拌缸中攪拌，砂糖與飲用水煮至118°C
後，沖入蛋白中打發做成義式蛋白霜。
將瑞可塔乳酪、鹽、黑胡椒及檸檬汁拌勻，取一部分與
泡開的吉利丁片一同加熱至融化，再倒入剩餘部分，先
加入1/3義式蛋白霜稍微拌勻，再把剩下的蛋白霜繼續拌
入攪拌均勻。
將30克慕斯置於保鮮膜上，包起來後把上方轉緊，使之
呈番茄狀。
放入模具中，冷凍。

## STRAWBERRY JAM 草莓大黃果醬

IQF strawberry 冷凍草莓粒　140g
IQF rhubarb 冷凍大黃根　60g
Sugar 砂糖　155g
Lemon juice 檸檬汁　10g

將冷凍草莓、冷凍大黃根及砂糖拌勻，置於室溫靜置隔
夜。
隔天，將果汁與果肉過篩，果汁先煮至105°C後，再加
入過篩果肉以小火煮滾後，繼續燉煮5分鐘，在熬煮的過
程中，需撈出多餘的泡沫。
離火後加入檸檬汁拌勻，隔冰降溫，冷藏備用即可。

## TOMATO GLAZE 番茄淋面

Tomato juice 番茄汁　250g
Salt 鹽　1g
Gelatin 吉利丁片　8pcs
Agar agar 燕菜膠　2.5g
Red chocolate coloring 食用巧克力紅色色粉　0.4g

將番茄汁、鹽及燕菜膠一同煮滾。再加入泡開的吉利丁
片與食用巧克力紅色色素。
以手持均質機均質拌勻即可。

## TO FINISH

Sliced strawberry 切片草莓
Tomato stem 番茄蒂頭

將瑞可塔慕斯的保鮮膜去除，沾入55°C番茄淋面中。再將番茄蒂頭置於頂端。
草莓切片裝飾於番茄旁，再挖一匙草莓大黃果醬於側邊。

# LYCHEE, COCONUT, LIME
## 荔枝、椰子、萊姆

這是我在新加坡時期製作的甜點，想作法式甜點「漂浮的島」清爽版本。熱帶氣候下的食材組合，新鮮荔枝肉、椰子水、檸檬，輕盈溫美。漂浮的小圓球，上半部是青檸檬加上椰子做成的蛋白霜，下方則是荔枝果泥慕斯，下重上輕，在椰子水上巧妙浮動。看起來清透的椰子水，其實還藏了荔枝果肉及伏特加，均質之後，利用真空機去除多餘空氣，留下千滋萬味。

## LYCHEE MOUSSE 荔枝慕斯

Mold：⌀ 3cm × H1.5cm half sphere
Lychee puree 荔枝果泥　100g
Gelatin 吉利丁片　1pc
Italian meringue 義式蛋白霜　30g
　Egg white 蛋白　100g
　Sugar 砂糖　100g
　Mineral water 飲用水　30g
Lychee liqueur 荔枝利口酒　2g

將蛋白置於攪拌缸中攪拌，砂糖與飲用水煮至118°C，沖入蛋白中打發做成義式蛋白霜。
取份量一半的荔枝果泥與吉利丁片一同加熱至融化，隔冰降溫到常溫後，加入荔枝利口酒，拌入義式蛋白霜拌勻。
將作法2擠入模具中，冷凍冰硬備用。


## LIME MERINGUE 青檸蛋白霜

Egg white 蛋白　110g
Sugar 砂糖　80g
Egg white powder 蛋白粉　10g
Icing sugar 純糖粉　90g
Lime puree 青檸果泥　55g
Lime zest 青檸皮絲　2pcs
Coconut powder 椰子粉　Q/S

將蛋白、砂糖及蛋白粉打發，做成蛋白霜。
取一部分的蛋白霜與青檸皮絲拌勻，加入剩餘蛋白霜與純糖粉拌勻後，倒入常溫的青檸果泥拌勻。
擠出直徑3公分半圓球形於矽膠布上。上方撒上烘烤過的椰子粉。
以100°C烤焙1小時至乾燥，存放於乾燥保鮮盒中。


## LIME GEL 青檸凝膠

Lime puree 青檸果泥　35g
Sugar 砂糖　35g
Mineral water 飲用水　35g
Agar agar 燕菜膠　2g

將砂糖、飲用水及燕菜膠煮滾。倒入容器中，置於冷藏結成果凍。
將果凍、青檸果泥放入食物調理機打成凝膠狀。


## COCONUT SOUP 椰子清湯

Coconut water 椰子水　500g
Sugar 砂糖　50g
Lychee puree 荔枝果泥　50g
Xantana 三仙膠　2g
Vodka 伏特加　25g

將椰子水、砂糖、荔枝果泥及三仙膠以手持均質機打勻。
放入真空機中，抽出多餘空氣至透明狀。
再加入伏特加拌勻，冷藏備用。


## TO FINISH

Lychee meat 荔枝肉
Flowers 食用花
Mint leaf 薄荷葉

將荔枝肉一顆切成4等份。再將切好的荔枝肉置於底部，倒入椰子清湯。
以青檸凝膠將食用花黏著於青檸蛋白霜上。
將荔枝慕斯從冷凍取出，與青檸蛋白霜組合成球狀。
慕斯面朝下，漂浮於椰子清湯上。

# MOZZARELLA, PROSCIUTTO, MELON
## 馬茲瑞拉乳酪、帕瑪火腿、密瓜

帕瑪火腿加上哈密瓜是經典義式前菜組合，我想把它轉換成鹹口味的Pre-Dessert，此時我會需要一座橋樑來銜接兩者的味道，義式水牛乳酪馬茲瑞拉乳酪氣味溫和柔美，做成馬茲瑞拉泡泡，可以中和火腿鹹味。將哈密瓜做成果凍，裡頭填上薄荷汁，能讓哈密瓜的甜蜜滋味更深遠優雅。上桌時，建議先嘗火腿，再吃哈密瓜果凍，火腿餘香會在口中縈繞，哈密瓜會讓香氣更加突出細緻，永遠的天生一對。

## MELON JELLY 蜜瓜果凍

Fresh melon puree 新鮮蜜瓜果泥　450g
Gelatin 吉利丁片　4pcs
Agar agar 燕菜膠　3g

將蜜瓜去皮去籽，切成大塊以食物調理機打碎過篩，即
是新鮮蜜瓜果泥。
自篩網中取一半果肉混合至果汁中。
以糖度計測試糖度為12%。
取一部分蜜瓜果泥與燕菜膠煮滾後，加入泡開的吉利丁
片融化。混合均勻後加入哈密瓜香精拌勻。
倒入平鐵盤中，厚度為3公分。冰於冷藏結成果凍後，切
成3公分立體。
再以直徑2.2公分挖球器挖出高1公分洞。

## MINT SAUCE 薄荷醬汁

Mint leaf 薄荷葉　50g
Mint cooking water 煮過薄荷的水　100g

Mint juice 薄荷汁　130g
Sugar 砂糖　19.5g
Gelatin 吉利丁片　1pc

將薄荷葉放入滾水中汆燙30秒，冰鎮後擠乾水分。
煮過薄荷的水隔冰降溫備用。
將薄荷葉與薄荷水一同以食物調理機打勻，再以濾布過
濾，即是薄荷汁。
將薄荷汁、砂糖及吉利丁片一同加熱至融化。
隔冰降溫，冰於冷藏備用。

## MOZZARELLA ESPUMA 馬茲瑞拉乳酪 ESPUMA

Mozzarella cheese 馬茲瑞拉乳酪　300g
Mozzarella water 馬茲瑞拉乳酪水　170g
Gelatin 吉利丁片　2pcs

將馬茲瑞拉乳酪水與吉利丁片一同加熱至融化。
再將所有食材一同放入食物調理機打勻。
倒入氮氣瓶中，打入一罐氮氣，置於冷藏中備用。

## TO FINISH

Mint leaf 薄荷葉
Prosciutto di Parma 帕馬火腿
Olive oil 橄欖油
Salt 鹽
Black pepper 黑胡椒
Gold leaf 金箔

將薄荷醬汁倒入蜜瓜果凍中。
馬茲瑞拉乳酪 espuma 擠於盤中，放上帕瑪火腿，再撒上適量的橄欖油、鹽、黑胡椒。
最後放上薄荷葉與金箔點綴於蜜瓜果凍表面。

# COMTÉ, WATERMELON, TEQUILA
## 康堤乳酪、西瓜、龍舌蘭

突發奇想的墨西哥風甜點，Taco（塔可餅）、Tequila（龍舌蘭酒）、Jalapeño（墨西哥辣椒）等元素齊聚，組合成一道辣味甜點，在夏季時開胃又爽口。我使用了切達（Cheddar）及康堤（Comté）兩種乳酪，前者做成醬汁，後者則是玉米餅的基底，連同酪梨莎莎醬一起包進塔可餅中，裡面還加進了金華火腿，鮮上加鮮。品嘗也有一定順序，雙手就是餐具，先吃最上方的塔可餅，再嘗一旁的墨西哥辣椒糖果，蘸點海鹽，最後入口的是以龍舌蘭酒糖液漬成的西瓜片。香鮮辣嗆，很不典型的甜點，彷彿置身墨西哥。

## CHEDDAR SAUCE 切達乳酪醬汁

Cheddar cheese 切達乳酪　100g
Milk 牛奶　80g

將切達乳酪切成丁，與牛奶一同置於煮鍋中煮至融化。
隔冰降溫到常溫，冷藏備用。


## GUACAMOLE 酪梨莎莎醬

Avocado 酪梨　100g
Lime juice 青檸汁　20g
Lime zest 青檸皮絲　1p
Sugar 砂糖　10g
Coriander 香菜　10 leaves

將所有食材放入食物調理機打至滑順。


## WATERMELON SYRUP 西瓜酒糖液

Watermelon juice 西瓜汁　200g
Sugar 砂糖　20g
Tequila 龍舌蘭酒　20g
Watermelon meat 西瓜肉　Q/S

將西瓜汁、砂糖、龍舌蘭酒混合均勻，製成西瓜酒糖液備
用。
將西瓜切成1.5公分厚，以直徑4公分模型切成圓形。
將西瓜與西瓜酒糖液放置於真空袋中，真空密封。


## COMTÉ TACO 康堤乳酪塔可餅

Comté cheese 康堤乳酪　40g
Corn grits 玉米粗粒　Q/S

以刨絲器將乳酪刨成細絲。
4克乳酪放入直徑6公分圓形模具，平鋪成圓形。
撒上適量裝飾玉米粒，以170°C烤焙6分鐘，至金黃上色。
出爐後，塑型成塔可餅形狀。


## JALAPEÑO CANDY 墨西哥辣椒糖果

Dried Jalapeño 墨西哥辣椒乾　30g
Sugar 砂糖　30g
Mineral water 飲用水　10g

將罐頭墨西哥辣椒濾出多餘水分後，以100°C烘乾至完全乾
燥。
將墨西哥辣椒乾切成0.5公分丁狀。
將飲用水與砂糖煮至120°C後離火。
將墨西哥辣椒乾倒入作法3不斷拌炒至糖漿呈現結晶狀態。
置於烤箱中低溫烘烤至乾燥。存放於乾燥密封的保鮮盒中。


## TO FINISH

Romaine lettuce 蘿蔓生菜
Guerande salt 天然海鹽
Tomato dices 番茄丁
Jinhua ham　金華火腿

金華火腿油脂部分，以小火逼出金華火腿油脂，冷卻壓薄後切成極細絲，以火腿油脂煎炒至火腿絲
金黃酥脆，冷卻備用。
將5克切達乳酪醬汁擠在塔可餅殼內，接著依序放上蘿蔓生菜、酪梨莎莎醬、金華火腿絲及番茄丁。
將塔可餅置於西瓜上，盤子上再接著放上墨西哥辣椒糖果、撒上海鹽。

# COFFEE, LEMON
## 咖啡、檸檬

這道甜點的靈感來自於「檸檬咖啡」，我曾造訪義大利西西里島，那兒的冰檸檬咖啡非常好喝，讓我印象深刻，將這樣的組合轉化為我的版本的「檸檬冰沙＋咖啡果凍」。要讓咖啡果凍被檸檬冰沙完全包覆，製作難度其實很高，兩者的最佳溫度完全不同，必須精準控制。先做好冰沙，急速冷凍至-35°C，再將煮好的咖啡果凍液降溫至55°C，當微溫咖啡液體遇上超低溫冰沙，就會迅速凝固，冰沙也會稍微軟化，變得容易入口。掌握時間先機，端到客人眼前，才會是完美狀態。

## LEMON RIND CREAM　檸檬皮餡

Lemon pith 檸檬白色皮肉　100g

Sugar 砂糖　36g

Cream 鮮奶油　36g

Lemon juice 檸檬汁　10g

Yuzu juice 日本柚子汁　10g

去除檸檬外皮後，將白色皮肉部分放入滾水中汆燙，重複此動作至煮透而無苦味。
再與剩餘材料放入食物調理機打至均勻混合備用。

## LEMON SORBET 檸檬冰沙

Mineral water 飲用水　260g

Glucose powder 葡萄糖粉　10g

Stabilizer 冰淇淋穩定劑　3.6g

Sugar 砂糖　128g

Trimoline 轉化糖漿　8g

Lemon zest 黃檸檬皮絲　3g

Lemon juice 檸檬汁　85g

飲用水、葡萄糖粉、冰淇淋穩定劑、砂糖、轉化糖漿及黃檸檬皮絲一同加熱至81.5°C。
隔冰降溫到常溫後，加入檸檬汁再以手持均質機均質，接著倒入 Pacojet 容器於冷藏中靜置隔夜。
使用前，置於急速冷凍冰硬，再以 Pacojet 機器攪打即可。

## COFFEE JELLY 咖啡果凍

Dripped coffee 手沖咖啡　500g

Sugar 砂糖　50g

Agar agar 燕菜膠　3.5g

將所有食材一同煮滾，降溫至55°C。

## YUZU FOAM 柚子泡泡

Mineral water 飲用水　100g

Sugar 砂糖　20g

Yuzu juice 日本柚子汁　10g

SOSA Cold espuma 冷用泡沫組織安定劑　10g

將所有食材混合以均質機拌勻。使用前再用均質機攪打起泡。

## TO FINISH

將檸檬皮餡擠入玻璃杯底，置於冷凍冰硬備用。
將檸檬冰沙挖成橄球狀置於平鐵盤上，放入急速冷凍中，約-35°C。
將檸檬冰沙置於檸檬皮餡上方，再倒入溫熱咖啡果凍至完全覆蓋檸檬冰沙。
挖柚子泡泡放置於上方，最後以檸檬皮裝飾。

# PINEAPPLE, CAMEMBERT, GINGER LILY
## 鳳梨、卡門貝爾乳酪、野薑花

最初的發想，是做一個台灣原住民味的甜點，因此使用了原住民經典食材，馬告及小米酒；前者帶有檸檬香氣，清新別緻，後者則甜美順口，一喝就停不下來。而鳳梨和野薑花也都是極具代表性的台灣食材，將鳳梨與馬告同煮，提升鳳梨香氣；鳳梨酒做成的冰沙，則帶來雞尾酒般的時髦感。小米酒的甜度高，我加入卡門貝爾乳酪做成泡泡，兩者都是發酵品，鹹甜相互平衡。最後點綴野薑花，讓清雅的花香成爲尾韻，也帶來似曾相識的氣息。

## PINEAPPLE COMPOTE 糖煮鳳梨

Sugar 砂糖　100g
Mineral water 飲用水　30g
Pineapple 鳳梨　300g
Makao pepper 馬告胡椒　2g
Pineapple wine 鳳梨酒　30g
Gelatin 吉利丁片　1pc

將鳳梨切成丁。
砂糖與飲用水煮至120°C，加入鳳梨丁煮滾後，以小火燉煮至鳳梨呈現透明狀。
加入馬告胡椒粉繼續燉煮1分鐘，再加入泡開的吉利丁片，隔冰降溫到常溫時，加入鳳梨酒拌勻即可。

## CAMEMBERT ESPUMA 卡門貝爾乳酪 ESPUMA

Camembert cheese 卡門貝爾乳酪　70g
Rice wine 小米酒　60g
Icing sugar 糖粉　30g
Cream 鮮奶油　100g

去除卡門貝爾乳酪的外層硬皮，以微波爐加熱至柔軟。
以食物調理機將乳酪、小米酒及糖粉打至細緻狀。過篩後加入鮮奶油拌勻。
倒入氮氣瓶中，打入兩罐氮氣備用。

## PINEAPPLE WINE GRANITE 鳳梨酒片狀冰沙

Pineapple wine 鳳梨酒　200g
Mineral water 飲用水　80g
Pineapple puree 鳳梨果泥　80g

將鳳梨酒、飲用水及鳳梨果泥混合均勻置於冷凍冰硬，再以叉子刮成冰沙狀即可。

## TO FINISH

Pickled ginger cube 壽司薑丁
Japanese chrysanthemum 日本小菊花
Ginger lily 野薑花

將壽司薑丁貼於杯壁上。
將糖煮鳳梨置於杯底，接著放上卡門貝爾乳酪espuma，最後用鳳梨酒片狀冰沙將卡門貝爾乳酪espuma覆蓋。
再以日本小菊花點綴；最後放上一朵野薑花。

# GORGONZOLA, PEAR, RADICCHIO
## 藍紋乳酪、西洋梨、菊苣

Gorgonzola 藍紋乳酪與西洋梨的搭配，是我在 Roca 早期做過的甜點，相當有趣。以牛乳製成的 Gorgonzola 藍紋乳酪，滋味濃重有個性，帶有鹹味，具蘑菇香氣，很適合跟西洋梨搭配。我將西洋梨果泥做成棉花糖，Q 軟有彈性，搭配乳酪與蛋白霜餅乾一起入口，成為味覺主體。為了平衡 Gorgonzola 豐厚的滋味，必須加入一定比例的糖，蛋白霜裡的黑胡椒，則是為了平衡整體的甜味。紫甘藍以洛神花汁醃漬，再點綴紅酸模，兩者提供畫龍點睛的酸度。

## GORGONZOLA CREAM 藍紋乳酪餡

Gorgonzola cheese 藍紋乳酪　150g
Mascarpone 馬斯卡邦乳酪　225g
Cream 鮮奶油　75g
Icing sugar 純糖粉　35g

將藍紋乳酪、馬斯卡邦乳酪、鮮奶油及純糖粉拌勻。

## ROSELLE PICKLE JUICE 洛神花汁

Mineral water 飲用水　400g
Dried roselle 乾燥洛神花　20g
Sugar 砂糖　100g
Sherry vinegar 雪莉酒醋　100g
Radicchio 紫菊苣　Q/S

將飲用水煮滾後，加入乾燥洛神花，悶10分鐘。
過濾出湯汁，再加入砂糖與雪莉酒醋。冷卻後再泡入菊苣。
上方壓以重物，置於冷藏中，浸泡1日。

## ROSELLE JELLY 洛神花果凍

Pickle juice 洛神花汁　100g
Agar agar 燕菜膠　1g

將上述的洛神花汁與燕菜膠一同煮滾，倒入平鐵盤中，厚度為1公分。
置於冷藏結成果凍。再切成1公分立方體備用。

## BLACK PEPPER MERINGUE 黑胡椒蛋白餅

Mold：∅ 3cm × H0.4cm acrylic sheet
Egg white 蛋白　110g
Sugar 砂糖　70g
Icing sugar 純糖粉　80g
Egg white powder 蛋白粉　5g
Black pepper 黑胡椒粒　Q/S

蛋白、砂糖及蛋白粉打發。
將蛋白霜與純糖粉拌勻後，使用專門訂製的模具抹於矽膠布上。上方撒適量粗粒黑胡椒粒。
以100°C烤焙1小時至乾燥。
存放於乾燥密封的保鮮盒中。

## FROZEN PEAR MARSHMALLOW 冷凍西洋梨棉花糖

Pear puree 西洋梨果泥　100g
Gelatin 吉利丁片　1pc
Sugar 砂糖　10g
Pear brandy 西洋梨白蘭地　10g

將份量一半的西洋梨果泥、吉利丁片及砂糖一同加熱至融化，再加入剩餘的常溫果泥拌勻。
倒入攪拌缸中攪拌至完全打發，再拌入西洋梨白蘭地。
倒入輕微抹油（份量外）的平鐵盤中，厚度為3公分。置於冷凍冰硬。
再以直徑3公分切模切成圓形，冰於冷凍備用。

## TO FINISH

Red sorrel 紅酸模

將藍紋乳酪餡擠於黑胡椒蛋白餅上，再貼於西洋梨棉花糖兩側。
將浸泡於洛神花汁中的紫甘藍切成適當大小，置於盤子上。
最後依序放上洛神花果凍與紅酸模葉。

# GRUYÈRE, ST-HONORÉ, PUMPKIN
## 葛瑞爾乳酪、聖多諾黑塔、南瓜

這是在冬季製作的Pre-Dessert，帶著冬季的濃厚感。我的發想源頭是「焗烤南瓜」（Pumpkin Gratin），南瓜切片後加入鮮奶油煮成的醬汁，上頭撒上奶油及乳酪絲，就是一道冬季餐桌上的暖心配菜。我把泡芙St. Honoré的卡士達內餡加入了以羊奶做成的葛瑞爾乳酪，賦予濃重香氣及馥郁口感，泡芙之間的焦糖香緹，則與乳酪卡士達相互平衡，鹹中有甜。配上一片烤栗子南瓜，綿密口感甜入心，是踏實幸福的喜悅。

The recipe serve 10

## CHOUX DOUGH 泡芙麵糊

Mineral water 飲用水　150g
Milk powder 奶粉　15g
Sugar 砂糖　3g
Salt 鹽　2.5g
Butter 奶油　70g
T55 flour　T55 法國傳統麵粉　90g
Egg 雞蛋　160g

水、奶粉、糖、鹽、奶油置於煮鍋中煮滾關火，加入過篩的 T55 麵粉快速拌成團。
開火將麵團加熱至糊化，鍋底會形成一層薄膜，離火倒入攪拌缸中。
多次將雞蛋慢慢加入待麵糊乳化，於矽膠布上擠成圓形。
以 170°C 烤焙 15 分鐘，再以 150°C 烤焙 12 分鐘。

## ROASTED PUMPKIN 烤南瓜

Pumpkin 南瓜　Q/S

將南瓜以鋁箔紙包覆，置於烤盤上，以 160°C 烤焙 30 分鐘。
將南瓜切成適當大小，使用前保存於溫暖處。

## CARAMEL CHANTILLY 焦糖香緹

Sugar 砂糖　30g
Cream 鮮奶油　100g

Caramel cream 焦糖鮮奶油　130g
Icing sugar 純糖粉　6g

砂糖煮至焦糖化沖入熱鮮奶油，隔冰冷卻。
倒入食譜份量外的鮮奶油，補足作法 1 不足克重。置於冷藏中靜置隔夜。
使用前，將焦糖鮮奶油及純糖粉一同打發。

## GRUYÈRE CUSTARD 葛瑞爾卡士達

Milk 牛奶　100g
Cake flour 低筋麵粉　10g
Gruyère cheese 葛瑞爾乳酪　70g
Salt 鹽　3g

將牛奶及過篩低筋麵粉一同煮滾。
加入葛瑞爾乳酪絲及鹽一同拌勻，使用保鮮膜貼於表面防止結皮，置於冷凍中急速降溫後，再放入冷藏備用。

## TO FINISH

Pumpkin seed 南瓜籽
Olive oil 橄欖油
Guerande salt 天然海鹽
Puff pastry 酥皮

取 4 顆迷你泡芙，灌入葛瑞爾卡士達。
製作乾焦糖，將泡芙表面沾上焦糖。
將葛瑞爾卡士達擠於酥皮上方，再黏上三顆迷你泡芙。
將焦糖香緹擠於每顆泡芙中間，再放上一顆迷你泡芙於上方。周圍以南瓜籽裝飾。
將烤南瓜置於側邊，上方倒上橄欖油及撒上少許海鹽。

# CAMEMBERT, TURNIP, TIEGUANYIN
## 卡門貝爾乳酪、蕪菁、鐵觀音

這是在冬季製作的甜點，乳酪與蔬菜的組合，呈現溫熱濃厚的感覺。我重製了經典的卡門貝爾乳酪，將乳酪中間柔軟的部分取出，融化後加入白巧克力及鮮奶油，做成甘納許，再將甘納許回填到卡門貝爾乳酪的硬皮中。蕪菁與牛奶、香草莢同煮後靜置隔夜，再做成蕪菁泡泡，讓牛奶的馨柔取代蕪菁的草味，留下它原有的蔬菜甜味。台灣擁有豐富的茶文化，這次我特別使用入口芳香馥郁、具回甘喉韻的鐵觀音，加入牛奶成為烏龍奶茶凝膠，豐厚的滋味與乳酪相稱。

## CAMEMBERT GANACHE 卡門貝爾乳酪甘納許

32% white chocolate 32%白巧克力　100g
Cocoa butter 可可脂　52g
Cream 鮮奶油　80g
Trimoline 轉化糖漿　26g
Camembert cheese 卡門貝爾乳酪　140g
Gelatin 吉利丁片　2pcs

去除乳酪上方硬皮，將軟質乳酪部分挖除，保留完整外皮。
將白巧克力與可可脂一同融化。
將鮮奶油、轉化糖漿及卡門貝爾乳酪一同加熱至85°C，加入泡開的吉利丁，再倒入融化巧克力中。
使用手持均質機打至滑順，冰於冷藏。
將乳酪甘納許灌入卡門貝爾乳酪外皮中，覆蓋上方硬皮。冰於冷藏備用。

## TRUNIP ESPUMA 蕪菁ESPUMA

Turnip 蕪菁　150g
Vanilla pod Madagascar 馬達加斯加香草莢　1/2pc
Milk 牛奶　250g

Cooked turnip 煮過的蕪菁　160g
Cooking milk 煮過蕪菁的牛奶　20g
SOSA cold espuma 冷用泡沫組織安定劑　18g
Salt 鹽　1g
Sugar 砂糖　0.5g

蕪菁去皮切成1公分厚片。
將蕪菁、馬達加斯加香草莢及牛奶一同煮滾，再以小火燉煮30分鐘，即是煮過的蕪菁牛奶。隔冰降溫，置於冷藏靜置隔夜。
隔日，將蕪菁與牛奶分開，再將所有食材一同放入食物調理機打勻。
倒入氮氣瓶中，灌入一罐氮氣。保存於50°C定溫調理機的熱水浴中。

## TIEGUANYIN MILK TEA GEL 鐵觀音奶茶凝膠

Milk 牛奶　500g
Tieguanyin tea leaves 鐵觀音茶葉　15g

Tieguanyin milk 鐵觀音牛奶　250g
Sugar 砂糖　25g
Agar agar 燕荣膠　3g

將牛奶煮滾，離火後加入鐵觀音茶葉，悶30分鐘，即是鐵觀音牛奶。
將鐵觀音牛奶過濾掉茶葉，再與砂糖及燕荣膠一同煮滾。
置於冷藏結成果凍。再以食物調理機打至滑順即可。

## TO FINISH

Guerande salt 天然海鹽
Espresso powder 義式咖啡粉

將卡門貝爾乳酪甘納許切成適當大小，置於盤上，再撒上天然海鹽。
在盤上抹上鐵觀音奶茶凝膠，於側邊處擠上蕪菁espuma。
最後在蕪菁espuma上，撒上義式咖啡粉。

# CACAO, TARTE TATIN
## 可可、烤蘋果

冬季的聖誕甜點，帶著節慶的滋味，是巧克力、蘋果及紅醋栗的歡欣組合。將可可與水均質後，透過冷凍、過濾等程序做成清湯果凍，水嫩蕩漾，透著可可香氣。蘋果與焦糖奶油同煮，製成冰沙，清涼中有濃郁。以米漿技法製作懈寄生葉，最後襯上紅醋栗，細巧可愛，有過節的氣氛，也為下一道正式甜點揭開序幕。

## CACAO CONSOMME JELLY 可可清湯果凍

Mineral water 飲用水　1000g

Cocoa nibs 可可碎豆粒　400g

Gelatin 吉利丁片　3pcs

Cacao consomme 可可清湯　400g

Cacao liqueur 深可可利口酒　45g

Sugar 砂糖　20g

Gelatin 吉利丁片　3pcs

將飲用水與可可碎豆粒一同煮滾以手持均質機均質10秒。
悶30分鐘。
以三角濾網過篩後，加入泡開的吉利丁片拌勻。倒入容器
中，冰於冷凍冰硬。
將冰塊從容器中取出，以濾布包裹，再放置於平篩網上靜置
隔夜，使其自然融化並過濾，即是可可清湯。冷藏備用。
將可可清湯、砂糖及泡開的吉利丁片一同加熱至融化。加入
深可可利口酒拌勻。
倒入平鐵盤中，置於冷藏結成果凍備用。

## TATIN 烤蘋果

Apple 蘋果　460g

Butter 奶油　10g

Brown sugar 二砂　12g

Sugar 砂糖　30g

Yellow pectin 黃色果膠粉　4g

Lemon juice 檸檬汁　20g

蘋果切成薄片。
剩餘食材混合均勻倒入蘋果片中拌勻，裝入真空袋中，置於
室溫中靜置隔夜。
倒入平底鍋中，煮滾後以小火燉煮1小時至焦糖化。
隔冰冷卻後備用。

## TATIN SORBET 烤蘋果冰沙

Aomori Fuji apple juice 青森富士蘋果汁　300g

Sugar 砂糖　20g

Burnt butter 焦化奶油　20g

Tatin 烤蘋果　140g

Stabilizer 冰淇淋穩定劑　2.2g

取一半份量蘋果汁與砂糖、焦化奶油及冰淇淋穩定劑一同加
熱至81.5°C。再加入剩餘蘋果汁與烤蘋果。
以手持均質機拌勻後，倒入Pacojet容器置於冷凍冰硬。
使用前再以Pacojet機器攪打即可。

## CHOCOLATE SAUCE 巧克力醬

Cocoa powder 可可粉（無糖）　15g

Neutral glaze 鏡面果膠　100g

Cream 鮮奶油　15g

Sugar 砂糖　30g

Mineral water 飲用水　20g

Gelatin 吉利丁片　2pcs

將鮮奶油、砂糖及飲用水一同煮滾後，加入過篩可可粉，再
加入泡開的吉利丁片待其融化。
過篩倒入鏡面果膠中，拌勻後再以手持均質機均質，冷卻後
冷藏備用。

## RICE PASTE 米漿

Mineral water 飲用水　1000g
Milk 牛奶　150g
Rice 白米　150g
Sugar 砂糖　120g

牛奶、白米、砂糖及飲用水一起加熱煮滾，以小火燉煮約半
小時至黏稠粥狀。
用食物調理機打成泥糊狀，過篩冷卻備用。

## MISTLETOE LEAF 槲寄生葉

Rice paste 米漿　125g
65% dark chocolate 65% 苦甜巧克力　12g
Bread flour 高筋麵粉　30g
Icing sugar 純糖粉　30g
Matcha 抹茶粉　1.5g

將米漿與65% 苦甜巧克力隔水融化拌勻。
將巧克力米漿與剩餘食材拌勻，使用葉子模板將米漿抹於矽
膠布上，以160°C烤8分鐘。
存放於乾燥保鮮盒中。

## TO FINISH

Red currant 紅醋栗
Gold leaf 金箔

取5克的巧克力醬倒入杯底，再放上25克的可可清湯果凍。
挖一球橄欖形的烤蘋果冰沙於可可清湯凍上。
放上槲寄生葉，最後再以紅醋栗與金箔點綴裝飾。

# DAIKON, JONYAN, GINGER
## 大根、酒釀、薑

樂沐曾邀請美國加州米其林三星餐廳Manresa的主廚David Kinch來台客座，這道Pre-dessert就是受到他的料理風格所啟發而創作的。主廚的料理簡潔有力道，我因此想挑戰以「一片白蘿蔔」為主角，透過壓力鍋悶煮酒釀糖漿及白蘿蔔，希望做出新鮮水果質地般的口感，能以筷子輕鬆切開，又不會過於軟爛。上桌是以冷盤呈現，附上薑汁糖粉及草莓薑粉讓用餐者自由選用，有點像是吃關東煮一樣。看似平淡無奇的白蘿蔔，在酒釀糖水中浸漬靜置了兩夜，產生奇妙的甘甜，一嘗就難忘。

## JONYAN SYRUP 酒釀糖漿

Fermented rice 甜酒釀　500g
Mineral water 飲用水　250g
Sugar 砂糖　200g

將所有食材置於煮鍋中，煮至90°C，隔冰降溫備用。


## DAIKON 大根

Daikon 白蘿蔔　Q/S

先將白蘿蔔切成1.5公分厚片，以直徑6公分切模切成圓形。再以牛刀於表面刻出稜線。
與水一同放入壓力鍋中煮滾，以小火燉煮20分鐘。
濾出多餘水分後，將白蘿蔔平鋪於保鮮盒中，再倒入酒釀糖水。冷藏，靜置隔夜。
隔天，以糖度計確認糖漿液體糖度為20%並微調。
冷藏，再靜置隔夜後使用。


## GINGER GLACE ROYAL 薑汁糖粉

Ginger 薑　20g
Egg white 蛋白　20g

Ginger juice 薑汁　30g
Icing sugar 純糖粉　100g

將薑磨成泥，與蛋白以食物調理機打勻。
濾出薑汁，再與純糖粉拌勻。
抹於矽膠布上，以80°C烘烤1小時至乾燥。
冷卻後，以食物調理機打成粉狀備用。


## STRAWBERRY GLACE ROYAL 草莓薑粉

Ginger glace royal 薑汁糖粉　100g
Freeze dried strawberry 冷凍乾燥草莓　30g

將薑汁糖粉與冷凍乾燥草莓放入食物調理機一同打成粉狀備用。


## TO FINISH

Fermented rice 甜酒釀
Gold leaf 金箔

將大根置於盤中央，淋上甜酒釀糖漿與酒釀裡的米粒。
再分別放上適量的薑汁糖粉與草莓薑粉。最後以金箔點綴。

PETIT FOUR

Petit Four 或是 Mignardise 都是在正式甜點之後的小點心，就準備要上茶及咖啡了。對我來說，即便只有一小口，我也不希望它的呈現過於簡單；一口，就要嘗到所有的細巧。

其中有一系列的小點，結合了雞尾酒概念，把雞尾酒元素轉化成甜點。其實雞尾酒世界跟甜點世界有其相近之處，我的好友吳盈憲（Nick Wu）是「亞洲五十最佳酒吧」入選酒吧的創辦人，我們經常交流討論、解析食材的風味特色，Nick 也會推薦適合甜點製作的酒款給我。隨著季節，不同酒類可以跟各種當季水果搭配，為 Petit Four 創造更多可能性。

這一小口 Petit Four，是個美麗的小句點，它不喧嘩、不搶戲、不必有太多複雜的故事，靜緩的守著餐點落幕的瞬間，優雅的跟用餐者說聲：「期待下次見！」

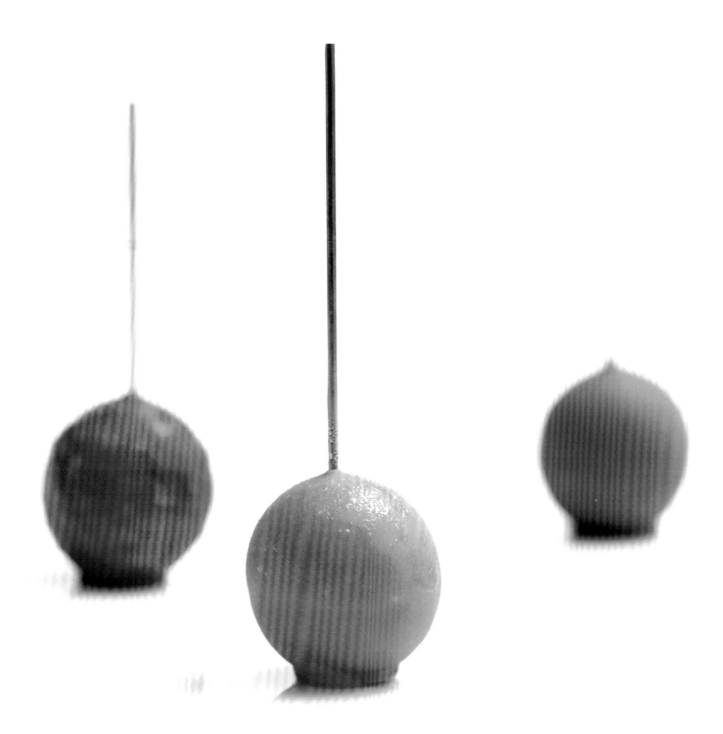

# PEACH BELLINI ICE BALL
### 蜜桃貝里尼冰球

# STRAWBELLINI ICE BALL
### 草莓貝里尼冰球

# KIR ROYAL ICE BALL
### 皇家基爾冰球

可愛俏皮的雞尾酒系列小點，以棒棒糖形式呈現，帶用餐者回味童年。經典款的 Peach Bellini 是結合白桃果泥與義大利氣泡酒 Prosecco，讓液體低溫冷凍變成固體，再覆上白巧克力沾面。另兩款則是草莓與氣泡酒、黑醋栗與黑醋栗利口酒的組合。一口咬下，冷冽迸發，酒香果香漫出。

# PEACH BELLINI ICE BALL

## PEACH BALL 蜜桃球

Mold：∅ 2.5cm sphere
White peach puree 白桃果泥　200g
Prosecco 普羅賽克氣泡酒　200g
Sugar 砂糖　60g
Gelatin 吉利丁片　3pcs

將氣泡酒與砂糖置於煮鍋中，加熱至砂糖融化。
取一部分氣泡酒與吉利丁一同加熱至融化，再將所有氣泡酒倒入白桃果泥中。
置於冷藏中靜置隔夜，灌入模具中，冷凍。

## WHITE CHOCOLATE COATING 白巧克力沾面

Cocoa butter 可可脂　100g
32% white chocolate 32% 白巧克力　100g
Red chocolate coloring 食用巧克力紅色色粉　Q/S

可可脂與巧克力分別融化後拌在一起，加入適量紅色巧克力色粉，以均質機拌勻備用。
使用時，溫度為 40-50 ℃。

## TO FINISH

將蜜桃球脫模，插入一根棍子，放入急速冷凍中。
沾上白巧克力沾面，放置於平鐵盤上。
置於冷凍備用，以冷凍狀態上桌。

# STRAWBELLINI ICE BALL

## STRAWBERRY BALL 草莓球

Mold：⌀ 2.5cm sphere
Prosecco 普羅賽克氣泡酒　200g
IQF strawberry 冷凍草莓粒　90g
Strawberry puree 草莓果泥　90g
Sugar 砂糖　50g
Gelatin 吉利丁片　2.5pcs

將冷凍草莓粒切成0.5公分立方體，加入氣泡酒中，做成草莓氣泡酒。
砂糖、草莓果泥及吉利丁一同加熱至融化，倒入草莓氣泡酒中。
置於冷藏靜置隔夜，灌入模具中，冷凍。

## STRAWBERRY COATING 草莓白巧克力沾面

Cocoa butter 可可脂　100g
32% white chocolate 32%白巧克力　100g
Freeze dried strawberry 冷凍乾燥草莓　20g

可可脂與巧克力分別融化後拌在一起，加入冷凍乾燥草莓片以均質機拌勻備用。
使用時，溫度約40-50°C。

## TO FINISH

將草莓球脫模，插入一根棍子，放入急速冷凍中。
沾上草莓白巧克力沾面，放置於平鐵盤上。
置於冷凍備用，以冷凍狀態上桌。

# KIR ROYAL ICE BALL

## CASSIS BALL 黑醋栗球

Mold：∅ 2.5cm sphere
Prosecco 普羅賽克氣泡酒　500g
Sugar 砂糖　125g
Cassis puree 黑醋栗果泥　100g
Crème de cassis 黑醋栗利口酒　20g
Gelatin 吉利丁片　5pcs

氣泡酒加熱後點火至酒精完全揮發，加入砂糖、黑醋栗果泥及吉利丁一同加熱至融化。
再加入黑醋栗利口酒。
置於冷藏靜置隔夜，灌入模具中，冷凍。

## WHITE CHOCOLATE COATING 白巧克力沾面

Cocoa butter 可可脂　100g
32% white chocolate 32%白巧克力　100g
Purple chocolate coloring 食用巧克力紫色色粉　Q/S

可可脂與巧克力分別融化後拌在一起，加入紫色可可脂，以均質機拌勻備用。
使用時，溫度約40-50°C。

## TO FINISH

將黑醋栗球脫模，插入一根棍子，放入急速冷凍中。
沾上白巧克力沾面，放置於平鐵盤上。
置於冷凍備用，以冷凍狀態上桌。

# ESPRESSO MARTINI BALL
## 咖啡馬丁尼球

# GIN TONIC BALL
## 琴通寧球

# WATERMELON MOJITO BALL
## 西瓜摩西多球

延續雞尾酒圓球系列,義式濃縮咖啡馬丁尼以伏特加、咖啡酒及可可利口酒爲基底,再加入濃縮咖啡,帶著強烈的咖啡香氣及溫柔的口感。琴通寧球則是通寧水與琴酒的搭配,覆上檸檬馬鞭草沾面,輕盈爽利。而西瓜摩西多則是蘭姆酒與薄荷的經典組合,再加入西瓜汁,搭配薄荷沾面,一咬,每顆球裡的酒液就會在口中小爆炸,像是在喝雞尾酒,也像是在吃甜點。

# ESPRESSO MARTINI BALL

### ESPRESSO BALL 咖啡球

Mold：⌀ 2.5cm sphere
Espresso 義式濃縮咖啡　110g
Vodka Ketel One 荷蘭坎特一號伏特加　30g
Kahlua 卡魯哇咖啡酒　35g
Cacao liqueur 可可利口酒　60g
Mineral water 飲用水　200g
Agar agar 燕菜膠　2g
Sugar 砂糖　40g

將飲用水、燕菜膠及砂糖煮滾，沖入義式濃縮咖啡、伏特加、卡魯哇咖啡酒及可可利口酒混合液中混合均勻。
置於冷藏結成果凍，以均質機打勻。
灌入模具中，冷凍。

### ESPRESSO COATING 咖啡沾面

Cocoa butter 可可脂　100g
Coffee powder 義式咖啡粉　5g

將所有食材混合煮至100°C，悶5分鐘。以濾布過篩備用。
使用時，溫度為40-50°C。

### MILK FOAM 牛奶泡泡

Milk 牛奶　100g
SOSA Cold espuma 冷用泡沫組織安定劑　10g

將所有食材混合以手持均質機拌勻。使用前再用手持均質機攪打起泡。

### TO FINISH

將咖啡球脫模，插入一根棍子，放入急速冷凍中。
沾上咖啡沾面，放置於平鐵盤上。將棍子取出。置於冷藏備用。
上桌前，將牛奶泡泡放置於上方。

# GIN TONIC BALL

### GIN TONIC BALL 琴通寧球

Mold：∅ 2.5cm sphere
Tonic water 通寧水　500g
G'Vine Floraison Gin 紀凡花果香琴酒　150g
Sugar 砂糖　75g
Agar agar 燕菜膠　3g

取 1/2 通寧水、砂糖及燕菜膠煮滾，沖入剩餘通寧水與琴酒混合液中拌勻。
置於冷藏結成果凍，以均質機打勻。
灌入模具中，冷凍。

### LEMON VERBENA COATING 檸檬馬鞭草沾面

Cocoa butter 可可脂　100g
Lemon verbena 檸檬馬鞭草　10g

可可脂與檸檬馬鞭草煮至100°C，悶5分鐘，過篩備用。
使用時，溫度為40-50°C。

### LIME GEL 青檸凝膠

Sugar 砂糖　90g
Mineral water 飲用水　100g
Agar agar 燕菜膠　4.4g
Lime zest 青檸皮絲　1/2pc
Lime puree 青檸果泥　60g

將砂糖、飲用水、燕菜膠及青檸皮絲一同煮滾。倒入容器中，置於冷藏結成果凍。
將果凍與青檸果泥放入食物調理機打勻。

### TO FINISH

Seedless green grape 無籽綠葡萄
Lemon verbena 檸檬馬鞭草

將琴通寧球脫模，插入一根棍子，放入急速冷凍中。
沾上檸檬馬鞭草沾面，放置於平鐵盤上。將棍子取出。置於冷藏備用。
出餐時，於檸檬馬鞭草上點上一些份量外的葡萄糖漿，再放上琴通寧球包起。
於球的上方擠上青檸凝膠，再放上一片葡萄薄片即可。

# WATERMELON MOJITO BALL

### MOJITO BALL 摩西多球

Mold：∅ 2.5cm sphere
Watermelon juice 西瓜汁　500g
Agar agar 燕菜膠　3g
Sugar 砂糖　25g
Bacardi white rum 百加得白蘭姆酒　30g
Mint leaves 薄荷葉　5g

將薄荷葉泡冰水冰鎮，擰乾水分。
將西瓜放入食物調理機打成果汁，以濾布過濾，即是西瓜汁。
取一部分西瓜汁與燕菜膠煮滾，剩餘的西瓜汁加入白蘭姆酒及砂糖攪拌至溶解，一同混合均勻。
取一部分作法3果汁及薄荷葉以食物調理機打勻後，再倒回作法3及拌勻。
置於冷藏結成果凍，以均質機打勻。
灌入模具中，冷凍。

### MINT COATING 薄荷沾面

Cocoa butter 可可脂　100g
Mint leaves 薄荷葉　10g

可可脂與薄荷葉煮至100°C，悶30分鐘，過篩備用。
使用時，溫度為40-50°C。

### LIME GEL 青檸凝膠

Sugar 砂糖　90g
Mineral water 飲用水　100g
Agar agar 燕菜膠　4.4g
Lime zest 青檸皮絲　1/2pc
Lime puree 青檸果泥　60g

將砂糖、飲用水、燕菜膠及青檸皮絲一同煮滾。倒入容器中，置於冷藏中結成果凍。
將果凍與青檸果泥以食物調理機打勻。

### TO FINISH

Mint leaf 薄荷葉
Lime zest 青檸皮絲

將西瓜摩西多球脫模，插入一根棍子，放入急速冷凍。
沾上薄荷沾面，放置於平鐵盤上。將棍子取出。置於冷藏備用。
上桌前，上方擠上青檸凝膠，再放上一片薄荷葉與撒上青檸皮絲。

# APPLE TOFFEE TART
## 太妃糖蘋果塔

# PINEAPPLE TART
## 鳳梨塔

Petit Four 的點子有時是來自於「一口蛋糕」，食材、食譜及組裝方式的概念都跟製作蛋糕一樣，但可不能忘記 Petit Four 終究還是餐廳甜點，不管在設計或時間的掌控上都要精準，端到客人面前時，口感及溫度都必須在最佳狀態。

這兩款小酥塔，是很輕簡的一口小點心，卻貪心的藏了多重層次。塔皮是酥脆的布列塔尼餅乾，內餡分別是蘋果白蘭地太妃糖、焦糖蘋果凍，烤鳳梨及卡士達醬，帶出水果自然的酸甜平衡。

# APPLE TOFFEE TART

## BRETONNE 布列塔尼餅乾

Mold：∅ 3cm × H1.5cm half sphere
Butter 奶油　250g
Icing sugar 純糖粉　150g
Vanilla powder 香草粉　2g
Salt 鹽　5g
Almond powder 杏仁粉　50g
T55 flour T55 法國傳統麵粉　200g
Baking powder 泡打粉　1g
Egg yolk 蛋黃　70g

將奶油切成薄片置於冷凍備用。
將純糖粉、香草粉、鹽、杏仁粉、T55麵粉及泡打粉置於攪拌缸中，加入奶油薄片攪拌至沙粒狀，加入蛋黃拌成團即可。
麵團置於冷藏鬆弛一晚。
將7克麵團放入模具中填滿，以170°C烤烘15分鐘至金黃上色。
放涼後，底部以刨刀磨平備用。

POINT　香草粉可自製，使用前先以低溫約50度把香草莢再次烘乾後打成粉，或一次製作多點份量，裝罐密封。

## CALVADOS TOFFEE 蘋果白蘭地太妃糖

Glucose 葡萄糖漿　100g
Sugar 砂糖　70g
Cream 鮮奶油　250g
Calvados 蘋果白蘭地　20g

將鮮奶油煮滾。
葡萄糖漿與砂糖一同煮至焦糖化後沖入鮮奶油。
隔冰降溫後，加入蘋果白蘭地拌勻備用。

## CARAMEL APPLE JELLY 焦糖蘋果凍

Mold：∅ 3cm × H1.5cm half sphere
Sugar 砂糖　200g
Mineral water 飲用水　500g
Butter 奶油　40g
Lemon juice 檸檬汁　60g
Fuji apple 富士蘋果　2pcs

Caramelized apple 焦糖蘋果　300g
Caramelized apple sauce 焦糖蘋果醬汁　100g
Gelatin 吉利丁片　3.5pcs

將蘋果切成薄片。
糖煮至焦糖化沖入熱水，加入奶油與檸檬汁。
再加入蘋果片，小火煮滾後燉煮10分鐘關火過濾，即可煮出焦糖蘋果。
取100克的焦糖蘋果汁、焦糖蘋果及吉利丁一同加熱至融化。
隔冰降溫灌入模具中，冷凍。

## MILK GLAZE 牛奶淋面

Milk 牛奶　200g
Glucose 葡萄糖漿　150g
Cake flour 低筋麵粉　8g
Gelatin 吉利丁片　3pcs
Red chocolate coloring 食用巧克力紅色色粉　4g

將牛奶、葡萄糖漿、低筋麵粉一同煮滾。
加入吉利丁片拌勻。再加入食用巧克力紅色色粉，以手持均質機均質。冷卻備用。

## TO FINISH

Diced almond 杏仁角
Gold powder 金色色粉

於布列塔尼餅乾上擠上一圈蘋果白蘭地太妃糖。
將焦糖蘋果凍脫模，淋上牛奶淋面。再放於布列塔尼餅乾上。
將烘烤過的杏仁角裹上金粉，並沾在外圈。

# PINEAPPLE TART

## BRETONNE 布列塔尼餅乾

Mold：⌀ 3cm×H1.5cm half sphere
Butter 奶油　250g
Icing sugar 純糖粉　150g
Vanilla powder 香草粉　2g
Salt 鹽　5g
Almond powder 杏仁粉　50g
T55 flour　T55 法國傳統麵粉　200g
Baking powder 泡打粉　1g
Egg yolk 蛋黃　70g

將奶油切成薄片置於冷凍備用。
純糖粉、香草粉、鹽、杏仁粉、T55 麵粉及泡打粉置於攪拌缸中，加入奶油薄片攪拌至沙粒狀加入蛋黃拌成團即可。
麵團置於冷藏鬆弛一晚。
將 7 克麵團放入模具中填滿，以 170°C 烤烘 15 分鐘，至金黃上色即可。
放涼後，底部以刨刀磨平備用。

## CREME PATISSIERE 卡士達

Milk 牛奶　250g
Egg yolk 蛋黃　40g
Sugar 砂糖　60g
Corn starch 玉米粉　15g
Cake flour 低筋麵粉　15g
Butter 奶油　40g
Vanilla pod Madagascar
馬達加斯加香草莢　1/4pc

將蛋黃、砂糖及一同過篩的玉米粉及低筋麵粉置於鋼盆中攪拌均勻。
將牛奶與馬達加斯加香草籽一同煮滾。慢慢沖入作法 1 中拌勻。
再將作法 2 液體倒回煮鍋中，加熱至煮滾，再煮約 1 分鐘離火，加入奶油拌勻。
倒入鋪有保鮮膜的平烤盤中，將多餘的空氣去除包好。
置於冷凍急速降溫後，移至冷藏保存備用。

## TO FINISH

Pineapple 鳳梨
Neutral glaze 鏡面果膠
Mint leaf 薄荷葉

鳳梨切 0.5 公分厚片，以烙烤盤煎至雙面上色。冷卻後，切成 0.5 公分立方體。
於布列塔尼餅乾上，擠上 5 克卡士達，再將鳳梨丁黏貼於卡士達表面。
擠上適量鏡面果膠，最後放上薄荷葉。

# PISTACHIO LEMON BALL
## 開心果檸檬蛋糕球

# GUAVA CHEESECAKE BALL
## 紅心芭樂乳酪球

在盤式甜點上，我會運用多種技巧將不同口感的元素組合在一起，但對於最後才登場、而且會同時佐茶與咖啡的 Petit Four 小點心來說，賦予它熟悉的味道或是單純的甜點技巧，有時更能為美好的飲食經驗劃下句點。

一口就能輕鬆吃完的小圓球蛋糕，其實也可以有非常多的變化型。白巧克力蛋糕體搭配開心果餡料及檸檬凝乳，以及乳酪蛋糕與紅心芭樂果凍的組合，迷你的味覺實驗場，帶我發現寬闊的無限可能。

# PISTACHIO LEMON BALL

## WHITE CHOCOLATE BALL 白巧克力蛋糕球

Mold：∅ 3cm×H1.5cm half sphere
Egg 雞蛋　95g
Sugar 砂糖　50g
Brown sugar 二砂　25g
35% white chocolate 35%白巧克力　50g
Clarified butter 澄清奶油　80g
Honey 蜂蜜　25g
T55 flour T55法國傳統麵粉　78g
Baking powder 泡打粉　4g
Salt 鹽　1g
Corn starch 玉米粉　5g

先將澄清奶油加熱至70°C，加入35%白巧克力及蜂蜜攪拌至巧克力融化。
將雞蛋、砂糖及二砂拌勻後沖入巧克力奶油液拌勻，再加入一同過篩的T55麵粉、泡打粉、鹽及玉米粉拌勻。置於冷藏靜置隔夜備用。
將麵糊擠入模具中，放入3g開心果餡，以170°C烤焙8分鐘備用。

## PISTACHIO FILLING 開心果餡

Pistachio paste 開心果醬　100g
Pistachio 開心果仁　60g

將烘烤過的開心果仁切碎。
開心果醬與切碎開心果拌勻備用。

## LEMON CURD 檸檬凝乳

Lemon juice 檸檬汁　250g
Egg yolk 蛋黃　50g
Egg 雞蛋　65g
Sugar 砂糖　125g
Gelatin 吉利丁片　3pcs
Butter 奶油　135g

將檸檬汁、蛋黃、雞蛋及砂糖置於煮鍋中煮滾後，離火。
加入泡開的吉利丁片，隔冰降溫至50°C後，加入奶油以手持均質機拌勻備用，使用保鮮膜貼於表面防止結皮，置於冷藏冰硬備用。

## TO FINISH

Pistachio 開心果仁
Rosemary 迷迭香
Decoration icing sugar 防潮糖粉

取兩顆白巧克力蛋糕球，將表面修整成半圓形。
底部蛋糕球擠上一圈檸檬凝乳，再蓋上另一顆蛋糕球。
外圈沾上開心果碎粒，頂端擠上一些檸檬凝乳，撒上防潮糖粉，最後放上一葉迷迭香。

# GUAVA CHEESECAKE BALL

## CHEESECAKE 乳酪蛋糕

Mold：∅ 3cm×H1.5cm half sphere
Cream cheese 奶油乳酪　160g
Sugar 砂糖　80g
Cake flour 低筋麵粉　18g
Egg 雞蛋　64g
Egg yolk 蛋黃　10g
Cream 鮮奶油　108g
Lemon zest 黃檸檬皮絲　1/2pc

雞蛋、蛋黃及鮮奶油拌勻備用。
以微波爐將奶油乳酪加熱軟化，置於鋼盆中。接著加入砂糖拌勻。
分三次加入作法1拌勻。
最後加入過篩粉類與黃檸檬皮絲拌勻，擠入模具中。以95°C烤焙12分鐘。置於冷凍冰硬備用。

## PINK GUAVA JELLY 紅心芭樂果凍

Mold：∅ 3cm×H1.5cm half sphere
Pink guava 紅心芭樂　80g
Mineral water 飲用水　16g
Sugar 砂糖　15g

Fresh Pink guava puree 紅心芭樂泥　270g
Pink guava puree 紅心芭樂果泥　180g
Lemon juice 檸檬汁　36g
Gelatin 吉利丁片　6pcs

將紅心芭樂去除外皮，以食物調理機與飲用水與砂糖打勻。
過篩去除芭樂籽備用，即是紅心芭樂泥。
將紅心芭樂果泥與吉利丁片融化，再倒入新鮮紅心芭樂泥與檸檬汁一同拌勻。
倒入模具中，冷凍。

## TO FINISH

Neutral glaze 鏡面果膠
Gold leaf 金箔
Red chocolate 紅色巧克力片　3.5cmx3.5cm

將乳酪蛋糕脫模，放上紅色巧克力飾片。
再將紅心芭樂果凍置於上方，表面輕刷上鏡面果膠，再以金箔裝飾。

# FLAMINGO CHOUX
## 紅鸛

# BLACK SWAN CHOUX
## 黑天鵝

泡芙是法式甜點中的基礎，我希望在這基礎上，能做出更細緻的變化，於是花了些功夫揣摩鶴與鵝的姿態，讓平凡泡芙能優雅上桌，彷彿正在伸展舞動。草莓外殼、覆盆子內餡口味的紅鸛，搭配巧克力黑天鵝，色彩上的對比，也讓畫面更有戲劇感。

# FLAMINGO CHOUX

## CHOUX DOUGH 泡芙麵糊

Mineral water 飲用水    170g
Milk powder 奶粉    17g
Glucose powder 葡萄糖粉    47g
Salt 鹽    2g
Butter 奶油    85g
T55 flour T55法國傳統麵粉    105g
Egg 雞蛋    190g
Freeze dried strawberry 冷凍乾燥草莓    10g

將冷凍乾燥草莓以食物調理機打成粉，過篩備用。

飲用水、奶粉、葡萄糖粉、鹽及奶油置於煮鍋中煮滾關火，加入過篩的T55麵粉快速拌成團。

開火將麵團加熱至糊化，鍋底會形成一層薄膜，離火倒入攪拌缸中。

分多次將雞蛋慢慢加入待麵糊乳化後，再加入冷凍草莓粉拌匀。

以星型花嘴於矽膠布上擠成水滴形狀；以160°C烤焙15分鐘，以130°C烤焙5分鐘，再以100°C烤焙15分鐘。

使用翅膀模板抹於矽膠布上，以130°C烤12分鐘。

以圓形花嘴於矽膠布上擠成紅鶴脖子與鳥嘴形狀，以130°C烤焙13分鐘，再以100°C烤焙4分鐘。

## RASPBERRY GANACHE 覆盆子甘納許

Cream 鮮奶油    300g
Glucose 葡萄糖漿    42g
32% white chocolate 32%白巧克力    300g
Trimoline 轉化糖漿    30g
Butter 奶油    99g
Freeze dried raspberry powder 冷凍乾燥覆盆子粉    40g
Freeze dried raspberry 冷凍乾燥覆盆子    20g

將冷凍乾燥覆盆子以食物調理機打成粉備用。

將鮮奶油與葡萄糖漿煮滾，沖入白巧克力、轉化糖漿中拌匀。

再加入奶油與冷凍覆盆子粉，以手持均質機拌匀後，再加入冷凍乾燥覆盆子碎拌匀。

可常溫冷卻降溫備用；或冷藏一晚，隔天使用前拌軟即可。

## TO FINISH

將水滴狀泡芙平行橫切成兩半，擠入覆盆子甘納許，組合。
先放上脖子，最後於身體兩側黏上翅膀。

# BLACK SWAN CHOUX

## CHOUX DOUGH 泡芙麵糊

Mineral water 飲用水　180g
Milk powder 奶粉　18g
Glucose powder 葡萄糖粉　48g
Salt 鹽　3g
Butter 奶油　85g
T55 flour T55法國傳統麵粉　95g
Egg 雞蛋　150g
Cocoa powder 可可粉　12g
Bamboo charcoal 竹炭粉　2g

飲用水、奶粉、葡萄糖粉、鹽及奶油置於煮鍋中煮滾關火，加入一同過篩的T55麵粉、可可粉及竹炭粉，快速拌成團。
開火將麵團加熱至糊化，鍋底會形成一層薄膜，離火倒入攪拌缸中。
分多次將雞蛋慢慢加入待麵糊乳化。
以星型花嘴擠成水滴形狀；以170°C烤焙15分鐘，以150°C烤焙12分鐘。
使用翅膀模板抹於矽膠布上，以170°C度烤8分鐘。
以圓形花嘴擠成黑天鵝脖子與鵝嘴形狀，以170°C烤焙10分鐘。

## CHOCOLATE GANACHE 巧克力甘納許

Cream 鮮奶油　300g
Glucose 葡萄糖漿　30g
64% dark chocolate 64%苦甜巧克力　215g
40% milk chocolate 40%牛奶巧克力　90g
Trimoline 轉化糖漿　10g
Butter 奶油　40g

將鮮奶油與葡萄糖漿煮滾後，倒入64%苦甜巧克力、40%牛奶巧克力及轉化糖漿中拌勻。
加入奶油以手持均質機拌勻。
可常溫冷卻降溫備用；或冷藏一晚，隔天使用前拌軟即可。

## TO FINISH

將水滴狀泡芙平行橫切成兩半，擠入巧克力甘納許，組合。
先放上脖子，最後於身體兩側黏上翅膀。

「E家族」來自於我的靈光乍現，第一個從腦袋裡跳出來的點子是「Eureka」，據說科學家阿基米德泡澡時思考出浮體原理，他從浴缸跳出來的那一瞬間，口中就喊著：「Eureka！」靈感來了，什麼也擋不住，是種開心至極、豁然開朗的雀躍。

就這樣，第一個蛋糕Eureka誕生了，我將這個角色設定為個性純真的女孩，以青蘋果及茴香根為主味。很快的，第二個蛋糕Euphoria隨即出現在我腦海中，靈感來自於CK的經典香水，她成為Eureka的姊姊，有著不怕挑戰的冒險性格。既然有了姊妹角色，何不設計一整個家族呢？可以讓它們全部是E開頭的名字。

我也特別使用了同一款模具來製作E家族系列蛋糕：直徑7cm×3.5cm高的矽膠模。我不喜歡使用造型太過複雜花俏的模具，簡單款式就能做出百變造型，這也是對自我的挑戰。

關於E家族的創作，我會先給蛋糕一個名稱，賦予它不同的性格，或溫柔或強烈，目前有父親、母親、五個小孩以及嬸嬸等角色。個性溫和的蛋糕會講求酸甜平衡，酸度能讓甜味更加圓滿；若想呈現出強烈個性，我就會讓味道層層堆疊，香馥濃郁，充滿力道，一嘗就留下深刻印象。

也許之後，我會再繼續製作其他的角色，讓家族更圓滿也更富故事性。我一直認為，甜點師不只是把甜點做出來就好，而要能給予靈魂、傳遞訊息，直接和品嘗者對話。蛋糕稍縱即逝，唯記憶恆久遠。

# EUREKA
尤里卡

相對於姊姊Euphoria的神祕性感，我把妹妹Eureka設計成一個清新可人的角色，有點固執，就是想跟姊姊走不一樣的路，卻也對姊姊又羨又妒，兩人之間存在著難解的姊妹情結。

我想呈現「純潔青春」的滋味，因而與大自然的意象連結，以青蘋果、茴香及開心果為主要食材，我的理論是：相同顏色的食材都會是好夥伴、在口味上相互呼應。以青蘋果做成果凍，帶來酸度及軟滑口感，茴香根具有清香及獨特風味，兩者在氣味上都有清鮮特質。最後以茴香葉、檸檬香蜂草、金蓮葉、山蘿蔔葉等香草植物妝點外觀，表現自然系清新女孩樣貌。

Mold：∅7cm×H3.5cm half sphere　　Interior：∅6cm×H3cm half sphere

## PISTACHIO DACQUOISE 開心果達克瓦茲

Almond powder 杏仁粉　100g

Icing sugar 純糖粉　40g

T55 flour　T55法國傳統麵粉　16g

Sugar 砂糖　70g

Egg white 蛋白　120g

Pistachio paste 開心果醬　30g

Chopped pistachio 切碎開心果粒　Q/S

Pernod 保樂茴香利口酒　Q/S

將杏仁粉、純糖粉、T55麵粉過篩備用。

開心果醬秤於鋼盆中備用。

蛋白置於攪拌缸中開始攪拌，砂糖分三次加入，蛋白打發後先取1/3與開心果醬拌勻後，加入剩餘蛋白與作法1過篩粉類，並以橡皮刮刀拌勻，裝入擠花袋中。

於烤焙布上將麵糊擠成直徑7公分圓形，撒上切碎開心果粒。

以165℃烤焙10分鐘後出爐，置於網架上放涼後，用直徑7公分模具將多餘的邊裁掉，刷上適量的保樂茴香利口酒備用。

## FENNEL 茴香根

Sugar 砂糖　150g

Mineral water 飲用水　150g

Fennel 茴香根　150g

將茴香切成2公分小丁。

將砂糖與飲用水煮滾，加入作法1再煮滾。

冷卻後置於冷藏中，浸泡48小時後備用。

## GREEN APPLE JELLY 青蘋果果凍

Green apple puree 青蘋果果泥　240g

Gelatin 吉利丁片　3.5pcs

Pernod 保樂茴香利口酒　23g

取一部分青蘋果果泥與吉利丁一同加熱至融化，倒回剩餘果泥中，再加入保樂茴香利口酒拌勻。

將先前做好的茴香根過濾，與作法1的青蘋果果凍拌勻，再倒中心餡模具中，冷凍。

## WHITE CHOCOLATE MOUSSE 白巧克力慕斯

32% white chocolate 32%白巧克力　175g

Milk 牛奶　40g

Cream 鮮奶油（1）　40g

Sugar 砂糖　7g

Egg yolk 蛋黃　12g

Gelatin 吉利丁片　1pc

Cream 鮮奶油（2）　290g

將牛奶、鮮奶油（1）、砂糖及蛋黃一同加熱至83℃後加入吉利丁片，過篩倒入白巧克力中拌勻。

待作法1的甘納許溫度降至28℃，加入打發鮮奶油拌勻備用。

## WHITE CHOCOLATE PAINT 白巧克力噴面

32% white chocolate 32%白巧克力　100g

Cocoa butter 可可脂　100g

先將白巧克力與可可脂各別隔水融化。

再將可可脂倒入白巧克力中，以均質機打勻備用。

## TO FINISH

Neutral glaze 鏡面果膠
Green neutral glaze 綠色鏡面果膠
Fennel leaf 茴香葉
Lemon balm 檸檬香蜂草
Lemon verbena 檸檬馬鞭草
Nasturtium leaf 金蓮葉
Chervil 山蘿蔔葉
White chocolate decoration 白巧克力飾片
Chopped pistachio 開心果粒
Gold leaf 金箔

先將20克白巧克力慕斯擠入模具中，用湯匙沿邊把慕斯往上抹至與模具同高。
置中放入青蘋果果凍稍微旋轉入模，低於模具約1公分處。
擠入15克白巧克力慕斯抹平，放上開心果達克瓦茲蓋上保鮮膜，冷凍。
脫模，於蛋糕各面均勻噴上白巧克力噴面。
將綠色與原色鏡面果膠刷於蛋糕上呈大理石紋。
在果膠面上撒上適量開心果碎，再放置白巧克力飾片。
最後隨意將香草裝飾及金箔點綴於蛋糕上。

# EUPHORIA
## 桃醉

Euphoria 是 CK 的經典香水，在 El Celler de Can Roca 工作時，甜點主廚 Jordi 就曾以香水爲名，做出「可以吃的香水」甜點「Eternity」，Euphoria 也是向 Jordi 的巧思致敬。Euphoria 是姊姊，她是個具冒險性格、又有點調皮的女孩兒，總能引人注目，就像這支 CK 香水給人的感覺。

蛋糕的香氣特徵自然就來自於 Euphoria 香水的啓發，我以櫻桃爲主角，搭配黑莓果，變化出焦糖紅酒凍、櫻桃慕斯及櫻桃白巧克力慕斯，底層是南杏口味的達克瓦茲，外酥脆、內輕軟，淋面則是櫻桃果泥、黑莓果泥與接骨木糖漿的組合，酸與甜相互堆疊、取得平衡。我特別在蛋糕頂端做了一抹溫柔的曲線，就是來自於 CK 香水瓶的線條，再飾以新鮮櫻桃及玫瑰花瓣，深櫻桃色的蛋糕芳香魅惑，是屬於大人的成熟風味。

Mold：⌀7cm×H3.5cm half sphere　　Interior：⌀6cm×H3cm half sphere

## APRICOT SEED DACQUOISE 南杏達克瓦茲

Apricot seed 南杏　100g
Icing sugar 純糖粉　40g
T55 flour T55 法國傳統麵粉　20g
Sugar 砂糖　50g
Egg white 蛋白　120g
Egg white powder 蛋白粉　5g

將南杏以食物調理機打成粉。
將南杏粉、純糖粉、T55 麵粉過篩備用。
蛋白置於攪拌缸中開始攪拌，砂糖與蛋白粉拌勻，分三次加入。
蛋白打發後置於鋼盆中，加入作法2過篩粉類並以橡皮刮刀拌勻後，裝入擠花袋中。
於烤焙布上將麵糊擠成直徑6.5公分圓形，以165°C烤焙9分鐘，取出置於網架上放涼後，用直徑6.5公分圓形模具將多餘的邊裁掉備用。

## ALMOND CRUNCH 杏仁脆粒

32% white chocolate 32%白巧克力　50g
Diced almond 杏仁角　25g
Feuilletine 芭瑞脆片　25g
Vegetable oil 植物油　5g

杏仁角烘烤上色冷卻備用。
將白巧克力融化，加入植物油拌勻。
再拌入杏仁角、芭瑞脆片拌勻。
均勻塗抹於南杏達克瓦茲上，每個8克。

## CHERRY 櫻桃粒

IQF cherry 冷凍櫻桃粒　400g
Black berry puree 黑莓果泥　280g
Mineral water 飲用水　140g
Sugar 砂糖　210g

以飲用水（份量外）將冷凍櫻桃粒掏洗兩次，擠出多餘水分。
黑莓果泥、飲用水及砂糖煮滾後倒入櫻桃中。冷卻後，置於冷藏中，浸泡48小時後使用。

## CARAMEL WINE JELLY 焦糖紅酒凍

Sugar 砂糖　125g
Red wine 紅酒　375g
Gelatin 吉利丁片　5pcs
Cherry 櫻桃粒　12pcs/each

將紅酒置於煮鍋中煮滾。
糖煮至淺焦糖化沖入紅酒，加入吉利丁片拌勻，隔冰降溫。
將櫻桃粒濾汁，擠出多餘水分，置於中心餡模具中，每個12顆。
再倒入20克的作法2，冷凍冰硬備用。

## CHERRY MOUSSE 櫻桃慕斯

Italian meringue 義式蛋白霜　80g
　　Egg white 蛋白　100g
　　Sugar 砂糖　100g
　　Mineral water 飲用水　30g
Cream 鮮奶油　155g
Cherry puree（1）櫻桃果泥（1）　120g
Egg yolk 蛋黃　60g
Sugar 砂糖　30g
Gelatin 吉利丁片　3pcs
Cherry puree（2）櫻桃果泥（2）　80g

將蛋白置於攪拌缸中攪拌，砂糖及飲用水煮至118°C後，沖入蛋白中打發，做成義式蛋白霜。

將櫻桃果泥（1）、蛋黃及砂糖一同加熱至83°C。加入吉利丁片拌勻。

將作法2倒入櫻桃果泥（2）中拌勻，隔冰降溫後拌入義式蛋白霜、打發鮮奶油拌勻。

## ELDERFLOWER GLAZE 接骨木淋面

Neutral glaze 鏡面果膠　800g
Elderflower syrup 接骨木糖漿　200g
Cherry puree 櫻桃果泥　80g
Black berry puree 黑莓果泥　80g
Gelatin 吉利丁片　12pcs
Citric acid 檸檬酸　4.8g

將鏡面果膠與接骨木糖漿置於鋼盆中拌勻備用。

將櫻桃果泥、黑莓果泥、吉利丁片及檸檬酸加熱至融化。倒入接骨木鏡面果膠中拌勻，過篩，冷藏備用。

## CHERRY WHITE CHOCOLATE MOUSSE 櫻桃白巧克力慕斯

White chocolate mousse 白巧克力慕斯　200g
Cherry puree 櫻桃果泥　90g

將櫻桃果泥濃縮至60克，隔冰降溫。
再拌入白巧克力慕斯中拌勻，冷藏備用。

## TO FINISH

Fresh cherry 新鮮櫻桃
Dehydrated Rose petal 乾燥玫瑰花瓣
Gold leaf 金箔

先將15克櫻桃慕斯盛入模具中，以湯匙沿邊把慕斯往上抹至與模具同高。
置中放入焦糖紅酒凍稍微旋轉入模，低於模具約1公分處。
再擠入15克櫻桃慕斯抹平，放上南杏達克瓦茲。冷凍。
脫模後以櫻桃白巧克力慕斯抹成曲線，冷凍備用。
將接骨木淋面隔水融化至20°C，淋於表面。
依序放上新鮮櫻桃、乾燥玫瑰花瓣。最後以金箔點綴。

# ELIXIR
## 靈藥

既然有了姊妹組合，也應該要有兄弟檔，Elixir於是出現，這是個男生角色。這個字是「萬靈丹」、「長生不老藥」的意思，充滿魔幻力量，我特別以黑白兩種松露為核心食材，搭配黑巧克力及蜂蜜，在我心中，這些食材非常合拍。

人說松露是「閃電的女兒」、具有「天堂的滋味」，在我眼裡，松露和巧克力都有深沈的神祕感，無法抵擋、難以駕馭。以白松露油做成白松露布蕾，甘納許裡加入黑松露細粒，外層是巧克力慕斯，最後淋上巧克力鏡面。淋面黝黑亮麗、熠熠生光，透露著魔法師的奇幻傳說。

Mold：∅ 7cm×H3.5cm half sphere    Interior：∅ 6cm×H3cm half sphere

## CHOCOLATE DACQUOISE 巧克力達克瓦茲

Almond powder 杏仁粉　85g
Icing sugar 純糖粉　34g
T55 flour T55 法國傳統麵粉　17g
Cocoa powder 可可粉　24g
Sugar 砂糖　50g
Egg white 蛋白　120g
Egg white powder 蛋白粉　5g
Cocoa nibs 可可碎豆粒　Q/S

將杏仁粉、純糖粉、T55 麵粉及可可粉過篩備用。
蛋白置於攪拌缸中開始攪拌，砂糖與蛋白粉拌勻，分三次加入。以橡皮刮刀將蛋白打發與作法 1 過篩粉類拌勻後，裝入擠花袋中。
於烤焙布上將麵糊擠成直徑 7 公分圓形，撒上可可碎豆粒。
以 165°C 烤焙 9 分鐘後，出爐置於網架上放涼，用直徑 7 公分模具將多餘的邊裁掉備用。

## TRUFFLE BRULEE 白松露布蕾

Cream 鮮奶油　400g
Honey 蜂蜜　80g
Egg yolk 蛋黃　65g
Gelatin 吉利丁片　1pc
White truffle oil 白松露油　15g

將鮮奶油與蜂蜜置於煮鍋中，加熱至 70°C，加入吉利丁片。
倒入蛋黃中拌勻，再加入白松露油拌勻後過篩，倒入中心餡模具中，每個 20 克。
以 110°C 烤焙 17 分鐘至烤熟。冷凍

## GANACHE 甘納許

64% dark chocolate 64% 苦甜巧克力　150g
Milk 牛奶　100g
Glucose 葡萄糖漿　5g
Gelatin 吉利丁片　1.5pcs
Cream 鮮奶油　150g
Black truffle 黑松露　60g

將牛奶與葡萄糖漿一同煮滾，加入吉利丁片拌勻後，倒入 64% 苦甜巧克力中拌勻。
再加入鮮奶油拌勻。
將冷凍黑松露切成 0.3 公分立方體，放置於冷卻的白松露布蕾上。每顆使用 3g 黑松露。
將甘納許倒於白松露布蕾上，做成白松露甘納許，每個 15 克，冷凍。

## CHOCOLATE MOUSSE 巧克力慕斯

Cream（1）鮮奶油（1）　60g
Sugar 砂糖　50g
Egg yolk 蛋黃　100g
64% dark chocolate 64% 苦甜巧克力　200g
Cream（2）鮮奶油（2）　440g

將鮮奶油（1）、砂糖、蛋黃置於鋼盆中，隔水加熱，打成沙巴雍狀。
倒入打蛋缸中，打發備用。
將 64% 苦甜巧克力融化，加入打發蛋黃稍微拌勻。
最後拌入半發鮮奶油（2）拌勻。

## CHOCOLATE GLAZE 巧克力淋面

Cocoa powder 可可粉　75g
Neutral glaze 鏡面果膠　500g
Cream 鮮奶油　75g
Sugar 砂糖　150g
Mineral water 飲用水　100g
Gelatin 吉利丁片　9pcs

鮮奶油、砂糖及飲用水一同煮滾加入過篩可可粉。再加入吉利丁片融化。
過篩倒入鏡面果膠中，拌勻後再以手持均質機均質。

TO FINISH

chocolate decoration 巧克力飾片
Guerande salt 天然海鹽

先將20克巧克力慕斯盛入模具中，用湯匙沿邊把慕斯往上抹至與模具同高。
置中放入白松露甘納許，稍微旋轉入模，低於模具約1公分處。
再擠入15克巧克力慕斯抹平，覆蓋上巧克力達克瓦茲。冷凍。
脫模退凍，再淋上巧克力淋面。
表面撒上適量海鹽，最後以巧克力飾片裝飾。

# EDEN
## 樂園

這個蛋糕的靈感來自於《聖經》裡的「伊甸園」（Eden），我是基督徒，自然會從聖經故事去發想。Eden是指「樂園」，是上帝孕育生命的起源，萬物和諧共存的美麗世界。

我以蜂蜜及牛奶做為蛋糕的主要食材，蜂蜜自古就被認為是眾神溫柔甜美的餽贈，勤勞的蜜蜂採集花蜜、蒐集香氣，讓甜味有了更美妙的變化；至於牛奶，我使用日本的乳酸飲料可爾必思來製作酸甜的慕斯。此外，這個蛋糕還使用了肉桂、無花果及蘋果，它們在聖經中也都具有象徵意義，更重要的是，這些食材在口味上不僅各自精采，同時也相輔相成。

Mold：⌀ 7cm×H3.5cm half sphere

## CINNAMON DACQUOISE 肉桂達克瓦茲

Almond powder 杏仁粉　100g
Icing sugar 純糖粉　40g
T55 flour　T55 法國傳統麵粉　20g
Cinnamon powder 肉桂粉　8g
Egg white 蛋白　120g
Sugar 砂糖　40g
Egg white powder 蛋白粉　5g

將杏仁粉、純糖粉、T55 麵粉及肉桂粉過篩備用。
蛋白置於攪拌缸中開始攪拌，砂糖與蛋白粉拌勻，分三
次加入，蛋白打發後置於鋼盆中，加入過篩粉類用橡皮
刮刀拌勻後，裝入擠花袋中。
於烤焙布上將麵糊擠成直徑7公分圓形，以165°C烤焙9
分鐘出爐置於網架上。
冷卻後用直徑7公分切模將多餘的邊裁掉備用。

## FIG 白酒無花果

Dried fig 無花果乾　100g
Anjou Coteaux De La Loire – Clos du Pirouet
彼得莉堡 - 安茹羅亞爾河谷精選甜白酒　35g

將無花果乾切成約1公分立方體，加入白酒拌勻，靜置至
無花果變軟備用。
每個達克瓦茲上平均塗抹6克的無花果醬備用。

## CARAMEL APPLE 焦糖蘋果

Sugar 砂糖　100g
Mineral water 飲用水　250g
Butter 奶油　20g
Lemon juice 檸檬汁　30g
Apple 蘋果　1pc

將蘋果切成0.5公分片狀。
將飲用水放入煮鍋中煮滾備用。
砂糖煮至焦糖化，沖入熱水。加入奶油、檸檬汁及蘋果
薄片，小火燉煮30分鐘。放涼備用。
冷卻後，將蘋果片置於廚房紙巾上去除多餘水分備用。

## CALPIS MOUSSE 可爾必思慕斯

Italian meringue 義式蛋白霜　70g
　Egg whit 蛋白　50g
　Sugar 砂糖　50g
　Mineral water 飲用水　15g
Concentrated Calpis 可爾必思濃縮液　120g
Lemon juice 檸檬汁　15g
Milk 牛奶　75g
Cream 鮮奶油　125g
Gelatin 吉利丁片　3pcs

將蛋白置於攪拌缸中開始攪拌，砂糖與飲用水煮至
118°C後，沖入蛋白中打發，做成義式蛋白霜。
將可爾必思濃縮液與檸檬汁放入鋼盆中攪拌均勻。
將牛奶與吉利丁片一同加熱至融化後倒入作法2拌勻。
隔冰降溫，加入半發鮮奶油與蛋白霜拌勻即可。

## HONEY NOUGAT MOUSSE 蜂蜜果仁糖慕斯

Honey 蜂蜜　105g

Egg yolk 蛋黃　57g

Cream 鮮奶油　240g

Lemon zest 檸檬皮絲　1pc

Lemon juice 檸檬汁　15g

Gelatin 吉利丁片　3pcs

Pistachio 開心果仁　75g

開心果仁切丁、混合黃檸檬皮絲及檸檬汁備用。

將蛋黃置於攪拌缸中開始攪拌，蜂蜜煮至118°C後，沖入蛋黃中打發。

鮮奶油打至半發，取一部分與吉利丁片一起加熱至融化備用。

將打發蛋黃置於鋼盆中，加入所有食材一同拌勻。


## GLAZE 淋面

Neutral glaze 鏡面果膠　250g

Mineral water 飲用水　250g

Lemon juice 檸檬汁　10g

Gelatin 吉利丁片　5pcs

將飲用水與吉利丁片一同加熱至融化後，加入檸檬汁拌勻。倒入鏡面果膠中拌勻。

將淋面置於室溫中靜置5分鐘，以細篩網過濾，只留用上方清澈的部分即可，冰於冷藏備用。


## TO FINISH

先將焦糖蘋果片放入模具中置於冷凍冰硬。

將30克可爾必思慕斯擠入模具中，用湯匙沿邊把慕斯往上抹至與模具同高。置於冷凍中冰硬。

再將20克蜂蜜果仁糖慕斯擠入模具中抹平，放上肉桂達克瓦茲蓋上保鮮膜，冷凍。

脫模後退凍。將淋面隔水融化，再隔冰降溫至半凝固果凍狀態。

將淋面淋在蛋糕上，放回冷藏1分鐘，再重複一次即可。

最後表面以銀箔裝飾。

# EQUINOX
## 春秋點

Equinox是家裡的第四個孩子，Emma的孿生哥哥，這個詞的意思是春分、秋分，因此我也把這個角色設定為帶有中性氣質的男孩，具雙面性格。蛋糕推出兩款不同的外觀造型，「春分」裝扮以花朵，「秋分」則搭配葉子，黃色的噴面給人溫暖又俏皮的感覺。

這款蛋糕也是設計來搭配下午茶或咖啡的點心，口味走輕柔雅緻風格，吃得到牛奶巧克力、阿薩姆奶茶凍、柚子杏桃果醬、肉桂林茲餅乾的組合，味道聽起來複雜，實際上卻柔和好相處，帶來放鬆、享受的感覺。

Mold：∅7cm×H3.5cm half sphere　　Interior：∅6cm×H3cm half sphere

## CINNAMON LINZER 肉桂林茲餅乾

Butter 奶油　100g
Sugar 砂糖　35g
Salt 鹽　1.2g
Hard boiled yolk 煮熟蛋黃　20g
Almond powder 杏仁粉　20g
Cake flour 低筋麵粉　113g
Cinnamon powder 肉桂粉　2g
Baking powder 泡打粉　1.6g

將雞蛋煮熟，冷卻後，取出蛋黃過篩備用。
奶油、砂糖及鹽打軟後，加入過篩的蛋黃與粉類，拌成團後置於冷藏靜置隔夜。
將麵團擀至0.3公分厚，冰於冷藏，冰硬後以針車輪戳洞備用。以直徑7.7公分切模切成菊花形後冰於冷藏備用。
以160°C烘烤10分鐘即可。

## CHOCOLATE SPONGE 巧克力海綿蛋糕

40cm×60cm tray
Egg yolk 蛋黃　140g
Egg white（1）蛋白（1）　128g
Sugar（1）砂糖（1）　152g
Egg white（2）蛋白（2）　124g
Sugar（2）砂糖（2）　60g
Cake flour 低筋麵粉　56g
Cocoa powder 可可粉　36g

將蛋黃、蛋白（1）、砂糖（1）置於攪拌缸中開始打發。
將蛋白（2）與砂糖（2）置於另一個攪拌缸中打發成蛋白霜。
將1/3蛋白霜加入作法1中，拌入一同過篩的低筋麵粉及可可粉，稍微拌勻，加入剩餘蛋白霜拌勻。
將麵糊倒入烤盤中，以200°C烤焙8分鐘。
出爐置於涼架上，冷卻後以直徑5.5公分切模切成圓形備用。

## YUZU APRICOT NAPPAGE 柚子杏桃果膠

Apricot glaze 杏桃果膠　75g
Sugar 砂糖　10g
Yuzu juice 日本柚子汁　6g

將所有食材拌勻，放置於室溫讓砂糖自然融化。

## MILK TEA PANNA COTTA 阿薩姆奶茶奶酪

Milk 牛奶　240g
Cream 鮮奶油　150g
Assam tea leaves 阿薩姆紅茶葉　27g
Sugar 砂糖　90g
Gelatin 吉利丁片　4.5pcs

將牛奶與鮮奶油置於煮鍋中，阿薩姆茶葉打成細茶粉後倒入。煮滾離火悶10分鐘。
以細篩網與三角濾湯器分別過濾一次。加入砂糖與吉利丁拌勻。
隔冰降溫後倒入中心餡模具中，每個35克。冷凍。
取出後，將7克柚子杏桃果膠擠於奶茶凍上方，再覆蓋上巧克力海綿蛋糕。
蛋糕刷上阿薩姆紅茶糖水，放入冷凍冰硬備用。

## TEA SYRUP 阿薩姆紅茶糖水

Mineral water 飲用水　115g
Assam tea leaves 阿薩姆紅茶葉　3g
Sugar 砂糖　20g

將飲用水煮滾倒入阿薩姆紅茶葉悶5分鐘。
以細篩網過篩後，加入砂糖拌勻。隔冰降溫後備用。

## CHOCOLATE MOUSSE 牛奶巧克力慕斯

64% dark chocolate 64%苦甜巧克力　70g
40% milk chocolate 40%牛奶巧克力　8g
Milk 牛奶　65g
Sugar 砂糖　18g
Egg yolk 蛋黃　35g
Cream 鮮奶油　150g
Gelatin 吉利丁片　1pc

將牛奶、砂糖及蛋黃一同加熱至81.5°C後，加入吉利丁片，過篩倒入兩種巧克力中拌匀。
待作法1甘納許溫度降至30°C，加入打發鮮奶油拌匀備用。

## YELLOW PAINT 黃色噴面

Cocoa butter 可可脂　150g
Yellow chocolate coloring 食用巧克力黃色色粉　1g

將可可脂融化後，加入食用巧克力黃色色粉以均質機拌匀。

## YELLOW CHOCOLATE 黃色巧克力飾片

32% white chocolate 32%白巧克力　250g
Yellow chocolate coloring 食用巧克力黃色色粉　1g

將所有食材拌匀隔水融化調溫備用。
使用銀杏葉模板抹於巧克力紙上，梗的部分需用黃色巧克力擠線置於半弧形模具中，使之有弧度。
存放於保鮮盒中，置於冷藏。

## RED CHOCOLATE 紅色巧克力飾片

32% white chocolate 32%白巧克力　230g
70% dark chocolate 70%苦甜巧克力　20g
Red chocolate coloring 食用巧克力紅色色粉　2.5g

將所有食材拌匀隔水融化調溫備用。
使用楓葉模板抹於巧克力紙上。置於半弧形模具中，使之有弧度。
存放於保鮮盒中，置於冷藏。

## PLASTIC CHOCOLATE 塑形巧克力

32% white chocolate 32%白巧克力　130g
Glucose 葡萄糖漿　30g
Sugar 砂糖　5g
Mineral water 飲用水　5g
White chocolate coloring 食用巧克力白色色粉　2g
Yellow chocolate coloring 食用巧克力黃色色粉　Q/S

將白巧克力及白色色粉一起隔水融化。
飲用水與砂糖加熱融化後加入葡萄糖漿，再加熱至45°C拌匀，加入巧克力中拌成團。
待塑形巧克力結晶後，加入其他需要的顏色即可。

## TO FINISH

先將35克牛奶巧克力慕斯擠入模具中，用湯匙沿邊把慕斯往上抹至與模具同高。
置中放入阿薩姆奶茶凍稍微旋轉入模與模具同高。
用抹刀將牛奶巧克力慕斯抹至與模具同高，冷凍。
脫模，於蛋糕各面均匀噴上黃色噴面，於蛋糕上以黃色巧克力擠出線條。
將肉桂林茲餅乾塗上適量杏桃果膠（份量外）。
將蛋糕置於餅乾上方，再以巧克力裝飾蛋糕。

# EMMA
## 艾瑪

Emma是家族的第五個孩子，Equinox的孿生妹妹。她優雅的外觀及名稱，來自於好萊塢知名演員艾瑪·史東（Emma Stone）的啓發，那時我看了她主演的《樂來越愛你》（La La Land），當她穿著一襲極白洋裝、踩著銀白高跟鞋與男主角翩翩起舞時，一個點子就巧悄舞進我的腦中。

我用「香草白」來呈現這個蛋糕不同層次的白，所有的食材都是香草口味，再搭配白巧克力、香草林茲餅乾、香草酒糖液、香草白巧克力慕斯、香草酸奶香緹、香草牛奶淋面，雖處處是香草，卻又各自陳述著不同姿態的口感氣味。如同這個角色的個性，天眞浪漫，同時也正面陽光。

Mold：∅7cm×H3.5cm half sphere　　Interior：∅6cm×H3cm half sphere

## VANILLA LINZER 香草林茲餅乾

Butter 奶油　100g
Sugar 砂糖　35g
Salt 鹽　1.2g
Hard boiled yolk 煮熟蛋黃　20g
Almond powder 杏仁粉　20g
Cake flour 低筋麵粉　113g
Baking powder 泡打粉　1.6g
Vanilla powder 香草粉　4g

Egg wash 蛋液
Egg 雞蛋　35g
Milk 牛奶　7g
Sugar 砂糖　3g

將雞蛋煮熟，冷卻後，取出蛋黃過篩備用。

奶油、砂糖及鹽以攪拌機打軟，加入過篩的蛋黃與粉類
拌成團，置於冷藏靜置隔夜。

將麵團擀至0.5公分厚，冰於冷藏冰硬。以直徑5公分切
模切成圓形後，冷藏備用。

以160°C烘烤10分鐘，取出刷上蛋液再烘烤3分鐘，至
上色即可。

將所有食材拌勻，過篩備用。

## JOCONDE 杏仁海綿蛋糕

40cm×60cm tray
Icing sugar 純糖粉　100g
Almond powder 杏仁粉　100g
Egg yolk 蛋黃　80g
Egg white（1）蛋白（1）　60g
Egg white（2）蛋白（2）　200g
Sugar 砂糖　120g
Cake flour 低筋麵粉　90g

將純糖粉、杏仁粉、蛋黃及蛋白（1）置於攪拌缸中，開
始打發。

於另一攪拌缸中，開始打發蛋白（2），砂糖分三次加入打
發成蛋白霜。

取一部分打發蛋白霜拌入作法1，稍微拌勻，再加入過篩
粉類。最後再加入剩餘蛋白霜拌勻。

將麵糊倒入烤盤中，以200°C烤焙7分鐘。

出爐置於涼架上，冷卻後以直徑4.5公分切模切成圓形備
用。

## VANILLA SYRUP 香草酒糖液

Vanilla paste 香草莢醬　7g
Armagnac 雅馬邑白蘭地　35g

將所有食材拌勻，抹於杏仁海綿蛋糕底部。每個2克。

## VANILLA PANNA COTTA 香草奶酪

Milk 牛奶　200g
Sugar 砂糖　75g
Vanilla pod Madagascar 馬達加斯加香草莢　1pc
Gelatin 吉利丁片　3pcs
Coconut puree 椰子果泥　20g
Cream 鮮奶油　125g

將牛奶、砂糖及香草籽一同煮滾，悶5分鐘。加入吉利丁
片拌勻。

倒入椰子果泥中，拌勻。隔冰降溫至稍微凝固，再拌入
半發鮮奶油。

擠入中心餡模具中，每個15克。冷凍冰硬備用。

## VANILLA WHITE CHOCOLATE MOUSSE 香草白巧克力慕斯

32% white chocolate 32%白巧克力　150g
Milk 牛奶　115g
Sugar 砂糖　10g
Egg yolk 蛋黃　17.5g
Gelatin 吉利丁片　1.25pcs
Cream 鮮奶油　500g
Vanilla pod Madagascar 馬達加斯加香草莢　0.6pc

將牛奶、砂糖、蛋黃及香草籽一同加熱至83°C後，加入
吉利丁片，過篩倒入白巧克力中拌勻。

待作法1甘納許溫度降至28°C，加入打發鮮奶油拌勻備
用。

## SOUR CREAM CHANTILLY 酸奶香緹

Mold：∅ 2.5cm sphere
Sour cream酸奶油　120g
Cream鮮奶油　80g
Icing sugar純糖粉　30g
Vanilla paste香草莢醬　6g
Gelatin吉利丁片　1.5pcs
Lemon juice檸檬汁　12g

取一部分酸奶油與吉利丁片一同加熱至融化，再與剩餘酸奶油拌勻。
鮮奶油、純糖粉及香草莢醬打至7分發，再拌入作法1。
最後加入檸檬汁拌勻，擠入矽膠模中，抹平，冷凍。

## MILK GLAZE 牛奶淋面

Milk牛奶　200g
Glucose葡萄糖漿　150g
Cake flour低筋麵粉　8g
Gelatin吉利丁片　3pcs
Vanilla pod Madagascar馬達加斯加香草莢　1/4pc
White chocolate coloring食用巧克力白色色粉　5g

將牛奶、葡萄糖漿、低筋麵粉及香草籽一同煮滾後，加入吉利丁片拌勻。
加入食用巧克力白色色粉，以手持均質機均質。冷卻備用。

## WHITE CHOCOLATE PAINT 白巧克力噴面

32% white chocolate32%白巧克力　100g
Cocoa butter可可脂　100g
White chocolate coloring食用巧克力白色色粉　10g

先將白巧克力與白色色粉隔水融化。
再將可可脂隔水加熱融化，倒入白巧克力中，以均質機打勻備用。

## TO FINISH

Play dough 黏土
Vanilla strip 香草條
Gold leaf 金箔

放置一塊黏土於直徑7公分半圓形模具上，並疊上另一個同樣的模具。
接著將15克香草白巧克力慕斯擠入模具中。
置中放入香草奶酪旋轉入模。再擠上15克香草白巧克力慕斯呈半圓形球狀，放入冷凍冰硬。
以刀子切平，放上杏仁海綿蛋糕。冷凍。
脫模，以手指將蛋糕線條抹平順，再於蛋糕各面均勻噴上白巧克力噴面。
將蛋糕放置於香草林茲餅乾上。
酸奶香緹脫模，淋上牛奶淋面，放置於蛋糕上。
於酸奶香緹表面貼上一片金箔，再將乾燥香草條置於側邊。

# ELEGANZA
## 優雅

E家族中的嬸嬸、Eden的姊姊，是位優雅細緻的未婚淑女，也是孩子們的偶像。這個字是義大利文「優雅」的意思，我以草莓海綿蛋糕為藍本，加入義大利風味，成為精緻的Eleganza。

這款蛋糕的靈魂是義大利甜白酒Moscato（密斯朵），滋味柔美帶甜味，我把它均勻刷進熱內亞海綿蛋糕體，增加溼潤度，完全不必另外加糖，成為基底滋味；再搭配兩種果凍，一是以Moscato做成的白酒凍，一是使用大吉嶺茶與草莓做成的果凍，增加滑順Q彈的口感，閃耀光澤。最後覆上可可脂做成的紅色噴面，完成我心中所詮釋的「優雅」。

Mold：∅ 7cm×H3.5cm half sphere    Interior：∅ 6cm×H3cm half sphere

## GENOISE 熱內亞海綿蛋糕

40cm×60cm tray
Egg 雞蛋　440g
Sugar 砂糖　240g
T55 flour　T55 法國傳統麵粉　240g
Butter 奶油　80g

將雞蛋置於攪拌缸中開始打發，砂糖分 3 次加入，打發。
取部分作法 1 的雞蛋糊與融化奶油拌勻。
將作法 1 剩餘雞蛋糊分次加入過篩 T55 麵粉與作法 2 奶油
雞蛋糊攪拌均勻。
將麵糊倒入烤盤中，以 190°C 烤焙 10 分鐘。
出爐置於涼架上，冷卻後以直徑 6.5 公分切模切成圓形備
用。

## STRAWBERRY DARJEELING JELLY 草莓大吉嶺果凍

Mineral water 飲用水　330g
Darjeeling tea leaves 大吉嶺紅茶葉　30g

Tea 茶湯　255g
IQF strawberry 冷凍草莓粒　128g
Sugar 砂糖　110g
Gelatin 吉利丁片　9pcs
Darjeeling tea powder 大吉嶺紅茶粉　2g

將飲用水與大吉嶺紅茶葉一同煮滾，悶 5 分鐘，做出茶
湯。
將茶湯濾出，加入冷凍草莓粒一同煮滾，悶 5 分鐘。以打
蛋器搗碎草莓粒。
再加入砂糖與吉利丁片一同融化，最後加入大吉嶺茶葉
粉拌勻。
隔冰降溫，灌入中心餡模具中，每個 35 克。冷凍。

## MILKY MOUSSE 牛奶慕斯

Cream 鮮奶油　250g
Glucose powder 葡萄糖粉　60g
Gelatin 吉利丁片　1.5pcs
Sugar 砂糖　18g

取一半鮮奶油、葡萄糖粉、吉利丁片及砂糖一同加熱至
融化拌勻。
再倒入剩餘鮮奶油，以手持均質機拌勻。置於冷藏靜置
隔夜備用。

## RASPBERRY ALMOND 覆盆子杏仁角

Raspberry puree 覆盆子果泥　50g
Diced almond 杏仁角　100g

將覆盆子果泥與烘烤過杏仁角一同拌勻，抹平於矽膠布
上。
以 100°C 烘烤 1 小時至乾燥，剝成適當大小。
存放於乾燥保鮮盒中。

## MOSCATO JELLY 密斯朵白酒凍

Moscato 密斯朵白酒　100g
Gelatin 吉利丁片　2pcs
Sugar 砂糖　8g

將所有食材一同加熱至融化，倒於平鐵盤中。置於冷藏
備用。

## MILK GLAZE 牛奶淋面

Milk 牛奶　200g
Glucose 葡萄糖漿　150g
Cake flour 低筋麵粉　8g
Gelatin 吉利丁片　3pcs
Red chocolate coloring 食用巧克力紅色色粉　4g

將牛奶、葡萄糖漿及低筋麵粉一同煮滾。加入吉利丁片拌勻。
再加入食用巧克力紅色色粉，以手持均質機均質。冷卻備用。

## RED PAINT 紅色噴面

Cocoa butter 可可脂　200g
Red chocolate coloring 食用巧克力紅色色粉　10g

將可可脂融化後加入食用巧克力紅色色粉，以手持均質機均質備用。

## TO FINISH

Lingonberry 小紅莓
Mint leaf 薄荷葉
White chocolate pearl 白巧克力脆球
Plastic chocolate flower 塑形巧克力花
Chocolate decoration 巧克力飾片
Gold leaf 金箔

將牛奶慕斯打發後，取20克慕斯盛入模具中。用湯匙沿邊把慕斯往上抹至與模具同高。
置中放入草莓大吉嶺果凍，再擠入20克慕斯，抹平，最後放上熱內亞海綿蛋糕，於蛋糕上刷上3克密斯朵白酒。冷凍。
脫模，於蛋糕各面均勻噴上紅色噴面。
將蛋糕斜沾入牛奶淋面中。
於交接線上，依序放上覆盆子杏仁角、密斯朵白酒凍、小紅莓、白巧克力脆球及塑形巧克力花。
最後再放上巧克力飾片、薄荷葉及金箔裝飾。

# EGOIST
## 唯我

父親這個角色的設定，是個比較以自我中心的本位主義者，但同時也深愛著妻子
Eden。為此，我特別選用風味強烈的陽剛食材「牛肝菌」來表現這個特質，這個經常
在料理中使用的食材具有強烈豐富的鮮味，再加上西洋梨與栗子香緹襯托，並搭配
焦糖與巧克力。

有些蛋糕我會講求酸甜平衡，但Egoist不是，它不帶酸味，而且味道是一層一層往
上加，相互堆疊。牛肝菌菇與糖、鮮奶油同煮，做成焦糖牛肝菌，與糖漬香草西洋
梨、栗子香緹一起盛裝在巧克力容器中，風味深勁道強，是個很容易被記住的蛋糕。

Mold：∅ 7cm × H3.5cm half sphere

## CHOCOLATE CASE 巧克力容器

Filo pastry 薄脆酥皮
41% milk chocolate41%牛奶巧克力
Cocoa nibs 可可碎豆粒

將模具塗上份量外奶油。再將薄脆酥皮以手撕成約3×3公分的不規則形狀。
將酥皮貼入模具中，高於模具1公分，至全部覆蓋沒有孔洞。再刷上份量外飲用水使酥皮全部黏合。
上方放置直徑7公分塔圈，再放上烤焙紙與壓上重石。以180°C烤焙10分鐘，移除重石後再烤焙6分鐘。
冷卻後，於外層刷上已調溫的41%牛奶巧克力，再撒上打碎的可可碎豆粒。置於冷藏至結晶。
內層刷上巧克力噴面。

## CHOCOLATE PAINT 巧克力噴面

Cocoa butter 可可脂　200g
70%dark chocolate 70% 苦甜巧克力　100g

先將巧克力隔水融化。
再將可可脂隔水加熱融化，倒入巧克力中以均質機打勻備用。

## CHESTNUT CHANTILLY 栗子香緹

Chestnut cream 栗子餡　80g
Cream鮮奶油　200g

全部食材一同混合打至8分發。
擠入巧克力容器中至8分滿，置於冷凍冰硬備用。
於栗子香緹表面噴上巧克力噴面。

## SALTED CARAMEL PORCINI 焦糖牛肝菌菇

IQF porcini 冷凍牛肝菌菇　180g
Sugar砂糖　50g
Mineral water飲用水　200g
Cream鮮奶油　100g
Salt鹽　1.2g

將冷凍牛肝菌菇切成三等分。
糖煮至焦糖化沖入熱水，加入鮮奶油及與牛肝菌菇煮滾後，再以小火燉煮30分鐘關火即可。
使用前，需回溫至50°C。

## PEAR VANILLA CONFIT 糖漬香草洋梨

Mini pear 迷你洋梨罐　1can
Vanilla pod Madagascar 馬達加斯加香草莢　1/2pc

將糖水洋梨縱切對半。將糖水洋梨與香草莢一同煮滾，再以小火燉煮30分鐘。置於冷藏靜置隔夜。
取出1/4個洋梨，橫切成0.1公分薄片。稍微輕壓至扇形，再以噴燈稍微炙燒周圍即可。

## TO FINISH

Chocolate decoration 巧克力裝飾
Cocoa nibs 可可碎豆粒
Cocoa powder 可可粉
Gold leaf 金箔

倒上一匙可可碎豆粒，再放上巧克力容器。
將扇形洋梨置於中央，於側邊放上兩片焦糖牛肝菌菇。
在巧克力飾片上撒上可可粉，再裝飾於蛋糕上，最後再以金箔點綴。

# SEASONAL CAKE

蛋糕製作技巧是甜點學裡的重要基礎，多數的甜點師會先從學習製作蛋糕入門，之後才決定要再深入哪個蛋糕之外的專業領域，而我則是走入了精緻料理的世界，我把在美食領域中學到的一切，回饋在我所創作的蛋糕裡。現今的蛋糕經常是大量製作，再加上全球物流通暢方便，食材取得非難事，這讓蛋糕已經越來越少有季節感。在展示櫃裡，我的蛋糕是隨著四季時序而變化的，為了達到餐廳等級水準，蛋糕的製作量也有限。我的蛋糕沒有所謂的經典或是流行，只有隨心所欲的創作。

小巧的蛋糕（Seasonal Cake）像是一幅幅完整獨立的畫作，當我們欣賞畫作時，會去看整體畫面、光影、色彩、構圖等元素交融，帶來圓滿的感官體驗。蛋糕也是如此，講究的是整體的和諧，由酸甜甘苦等不同味道及脆柔濃滑等多重口感架構而成，由上而下，層疊交錯，只要一口，就能品嘗到所有的滋味及口感。因此，我在設計蛋糕時會注意到的是，必須讓味道之間保有清晰度，同時又能彼此平衡。

# CHOU CHOU
## 親親

這個詞是法文中「可愛的」、「親愛的」、「小親親」，經常是長輩對於孩子的親密稱呼，為了表達這樣的感覺，我讓整個蛋糕的口感都是綿密溫柔的，吃起來喜孜孜、甜蜜蜜，外層特別用上了瞬間融口的棉花糖，帶著紅醋栗的粉紅色澤；內裡以酥塔皮為底，熱內亞海綿蛋糕、卡士達、紅莓果凍、香草布蕾，層次分明，外觀再點綴白巧克力做成的小花。一口咬下，柔軟至極，像是在親親小Baby一樣，幸福滿足。

## PATE A FONCER 酥塔皮

Butter 奶油　105g
Icing sugar 純糖粉　15g
Salt 鹽　3g
Egg yolk 蛋黃　15g
Egg 雞蛋　15g
Milk 牛奶　15g
T55 flour T55法國傳統麵粉　150g

奶油切成薄片冰於冷凍備用；蛋黃、雞蛋及牛奶拌勻備用。

將糖粉、鹽及T55麵粉置於攪拌缸中，加入奶油薄片攪拌至沙粒狀，加入蛋黃、雞蛋及牛奶拌成團。

麵團置於冷藏中鬆弛一晚。

將麵團擀至0.1公分厚，以直徑8.5公分切模切成圓形後，冰於冷藏備用。

將切好的麵團捏入直徑6公分半圓型模具中。以170°C烘烤13分鐘至金黃上色。

## GENOISE 熱內亞海綿蛋糕

40cm × 60cm tray
Egg 雞蛋　275g
Sugar 砂糖　153g
T55 flour T55法國傳統麵粉　153g
Butter 奶油　51g

將雞蛋置於攪拌缸中打發，並分3次加入砂糖。

取部分雞蛋糊與融化奶油拌勻。

將作法1的剩餘雞蛋糊分次加入過篩粉類與作法2的奶油雞蛋糊，攪拌均勻。

將麵糊倒入烤盤中抹平，以190°C烤焙10分鐘。

出爐置於涼架上，冷卻後以直徑4公分切模切成圓形備用。

## CREME PATISSIERE 卡士達

Milk 牛奶　125g
Egg yolk 蛋黃　20g
Sugar 砂糖　30g
Corn starch 玉米粉　7.5g
Cake flour 低筋麵粉　7.5g
Butter 奶油　19g
Vanilla pod Madagascar 馬達加斯加香草莢　1/8pc

將蛋黃、砂糖及過篩粉類置於鋼盆中攪拌均勻。

將牛奶與馬達加斯加香草籽一同煮滾。慢慢沖入作法1中拌勻。

再將作法2液體倒回煮鍋中，加熱至煮滾，再煮約1分鐘離火，加入奶油拌勻。

倒入鋪有保鮮膜的平烤盤中，將多餘的空氣去除包好。置於冷凍中急速降溫後移至冷藏中，保存備用。

## VANILLA BRULEE 香草布蕾

Mold：∅ 6cm × H3cm half sphere
Cream 鮮奶油　220g
Sugar 砂糖　44g
Vanilla pod Madagascar 馬達加斯加香草莢　1/8pc
Egg yolk 蛋黃　36g
Gelatin 吉利丁片　1pc

將鮮奶油、砂糖及馬達加斯加香草莢一同煮滾離火，悶10分鐘。

加入泡開的吉利丁片，慢慢沖入蛋黃，攪拌均勻後過篩。倒入中心餡模具中，每個20克，以110°C烤13分鐘至熟。放置冷凍冰硬備用。

## RED BERRY JELLY 紅莓果凍

Red currant puree 紅醋栗果泥　75g
Strawberry puree 草莓果泥　75g
Sugar 砂糖　30g
Gelatin 吉利丁片　1.5pcs

將紅醋栗果泥與草莓果泥各取一部分與砂糖、吉利丁片一同加熱至融化。再倒入剩餘果泥中拌勻。

倒於香草布蕾上，每個15克。冷凍。

## RED CURRANT MARSHMALLOW 紅醋栗棉花糖

Egg white 蛋白　150g

Sugar 砂糖　150g

Mineral water 飲用水　45g

Gelatin 吉利丁片　3pcs

Red currant puree 紅醋栗果泥　90g

Citric acid 檸檬酸　0.6g

將蛋白置於攪拌缸中攪拌，砂糖與飲用水煮至118°C後，沖入蛋白中打發。

吉利丁片融化後倒入蛋白霜中，再加入紅醋栗果泥、檸檬酸，並維持慢速攪拌備用。

## PLASTIC CHOCOLATE 塑形巧克力

32% white chocolate 32%白巧克力　130g

Glucose 葡萄糖漿　30g

Sugar 砂糖　5g

Mineral water 飲用水　5g

White chocolate coloring 食用巧克力白色色粉　2g

將白巧克力與白色色粉一起隔水融化。

飲用水與砂糖加熱融化後加入葡萄糖漿，再加熱至45°C拌勻，加入巧克力中拌成團。

待塑形巧克力結晶後延壓至0.2cm厚，以勿忘我推壓模壓出花形狀塑形備用。

## TO FINISH

Freeze dried raspberry 乾燥覆盆子

Decoration icing sugar 防潮糖粉

Pink Neutral glaze 粉紅鏡面果膠

Dried red currant 乾燥紅醋栗

Plastic chocolate flower 塑形巧克力花

將卡士達拌軟備用。

將酥塔皮底部以刨刀磨平，黏於底座上。擠入3克卡士達，放上一片熱內亞海綿蛋糕，再擠上7克卡士達抹平。

將布蕾與紅莓果凍脫模放置於上方。稍微覆蓋上棉花糖，撒上乾燥紅醋栗粒，再以棉花糖覆蓋，以抹刀整形成圓球。

外層均勻撒上防潮糖粉，放上塑型巧克力花，於花中央擠上適量粉紅鏡面果膠。

最後以篩網撒上乾燥覆盆子碎。

# SAKULA
櫻

櫻花是日本的象徵，如果要以「櫻花」爲題，我會如何呈現出自我風格呢？首先，我覺得櫻花的風味是「溫柔卻暴力的」，它看似純潔無害，味道卻又讓人一聞就忘不了，並不是太容易跟其他食材搭配。做了很多嘗試之後，發現法式甜點中常用的開心果，竟能與櫻花相稱，醇厚的堅果氣味與輕盈的花香互補，將兩者分別做成慕斯，讓櫻花包覆開心果，中間再夾點櫻桃果醬，微酸帶甜，底部則是杏仁海綿蛋糕。櫻花與開心果，有趣的組合，捎來出乎意料的甜美驚喜。

Mold：∅6.5cm×H4.5cm　　Interior：∅4cm×H2cm disc

## JOCONDE 杏仁海綿蛋糕

40cm×60cm tray
Icing sugar 純糖粉　100g
Almond powder 杏仁粉　100g
Egg yolk 蛋黃　80g
Egg white（1）蛋白（1）　60g
Egg white（2）蛋白（2）　200g
Sugar 砂糖　120g
Cake flour 低筋麵粉　90g

將純糖粉、杏仁粉、蛋黃及蛋白（1）置於攪拌缸中打發。
打發蛋白（2），砂糖分三次加入打發成蛋白霜。
取一部分打發蛋白霜拌入作法1，稍微拌勻，再加入過篩
粉類。最後再加入剩餘蛋白霜拌勻。
將麵糊倒入烤盤中抹平，以200°C烤焙7分鐘。
出爐置於涼架上，冷卻後以直徑5公分切模切成圓形備
用。

## PISTACHIO MOUSSE 開心果慕斯

Pistachio paste 開心果醬　6g
Milk 牛奶　100g
Egg yolk 蛋黃　20g
Sugar 砂糖　20g
Gelatin 吉利丁片　1.5pcs
Cream 鮮奶油　100g
Pistachio 開心果仁碎粒　25g

將開心果醬、牛奶、蛋黃及砂糖一同加熱至81.5°C加入
泡開的吉利丁片拌勻。
隔冰降溫到28°C後，加入打發鮮奶油與開心果碎粒拌
勻。
擠入中心餡模型中，高1.5公分。冷凍。

## CHERRY JAM 櫻桃果醬

Cherry puree 櫻桃果泥　25g
IQF cherry 冷凍櫻桃粒　50g
Neutral glaze 鏡面果膠　75g
Sakura liqueur 櫻花利口酒　5g

將櫻桃果泥、冷凍櫻桃粒及鏡面果膠一同煮滾後，小火
燉煮5分鐘。
隔冰降溫，加入櫻花利口酒拌勻即可。

## SAKURA MOUSSE 櫻花慕斯

Italian meringue 義式蛋白霜
　Egg white 蛋白　90g
　Sugar 砂糖　90g
　Mineral water 飲用水　30g
Cherry puree 櫻桃果泥　140g
Sakura liqueur 櫻花利口酒　100g
Gelatin 吉利丁片　5pcs
Sakura extract 櫻花萃取精　4g
Cream 鮮奶油　400g

將蛋白至於攪拌缸中開始攪拌，砂糖與飲用水煮至
118°C，沖入蛋白中打發製成義式蛋白霜。
將櫻花利口酒與吉利丁片一同加熱至融化拌勻，加入櫻
花萃取精拌勻，再倒入櫻桃果泥中一同拌勻。
再加入義式蛋白霜、打發鮮奶油拌勻。

## STRAWBERRY COATING 草莓沾面

32% white chocolate 32%白巧克力　200g
Vegetable oil 植物油　20g
Freeze dried strawberry 冷凍乾燥草莓　5g
Diced almond 杏仁角　30g
Red chocolate coloring 食用巧克力紅色色粉　Q/S

將白巧克力融化，加入植物油拌勻。
再加入冷凍乾燥草莓粉與食用巧克力紅色色粉，以手持均質機拌勻。
最後加入杏仁角拌勻即可。

## PINK PAINT 粉紅噴面

Cocoa butter 可可脂　100g
White chocolate coloring 食用巧克力白色色粉　15g
Red chocolate coloring 食用巧克力紅色色粉　0.1g

將可可脂隔水融化，再加入食用巧克力色粉，以手持均質機拌勻。

## TO FINISH

Chocolate choux stick 巧克力泡芙棒
IQF cherry 冷凍櫻桃粒
Pistachio 開心果仁
Chocolate decoration 巧克力飾片
Gold leaf 金箔

將20克櫻花慕斯擠入模具中，用湯匙沿邊把慕斯往上抹至與模具同高。
置中放入開心果慕斯，接著放入一茶匙櫻桃果醬。
擠入15克櫻花慕斯，抹平後放上杏仁海綿蛋糕，冷凍。
脫模，於蛋糕各面均勻噴上粉紅噴面，並將蛋糕下半部沾上草莓沾面。
依序放上櫻桃粒與開心果，再以巧克力飾片與巧克力泡芙棒裝飾，最後再以金箔點綴。

# TAORMINA
## 陶爾米納

「檸檬塔」是甜點店的基本款，組成很單純，蛋白霜、檸檬凝乳及塔皮，即便簡單，我還是希望做出自己的風格。加入了台灣的九層塔，做成果凍，攔進酥塔的檸檬凝乳裡，讓口感及風味多些變化。台式料理中少不了的九層塔，是羅勒（Basil）的一個品種，氣味較甜羅勒來得濃烈，能與檸檬的酸味相合，更添清新。

我希望這道甜點的味覺、視覺都「很檸檬」，甜塔中央那半顆擬真檸檬也是以檸檬凝乳製成，再將蛋白霜擠成緞帶造型，一圈圈圍繞檸檬，有別於傳統樣式，成為 Makito 風格的創作。為它取名為義大利西西里島的城市「Taormina」，好留住我記憶中的檸檬香氣、燦爛陽光與清新海風。

## PATE A SUCREE 甜塔皮

Mold：∅ 7cm × H2cm tart ring
Butter 奶油　240g
Icing sugar 純糖粉　160g
T55 flour　T55 法國傳統麵粉　400g
Almond powder 杏仁粉　60g
Salt 鹽　4g
Egg 雞蛋　80g

奶油切成薄片冰於冷凍備用。
將純糖粉、T55 麵粉、杏仁粉及鹽置於攪拌缸中，加入奶油薄片攪拌至沙粒狀，加入雞蛋拌成團即可。麵團置於冷藏中鬆弛一晚。
將麵團擀至 0.25 公分厚，以直徑 9 公分切模切成圓形後，冷藏備用。
將切好的麵團捏入塔模中。
壓烤焙石以 170°C 烘烤 8 分鐘後，移除烤焙石，再烘烤 3 分鐘至金黃上色即可。

## JOCONDE 杏仁海綿蛋糕

40cm × 60cm tray
Icing sugar 純糖粉　100g
Almond powder 杏仁粉　100g
Egg yolk 蛋黃　80g
Egg white（1）蛋白（1）　60g
Egg white（2）蛋白（2）　200g
Sugar 砂糖　120g
Cake flour 低筋麵粉　90g

將純糖粉、杏仁粉、蛋黃及蛋白（1）置於攪拌缸中，開始打發。
打發蛋白（2），砂糖分三次加入打發成蛋白霜。
取一部分打發蛋白霜拌入作法 1，稍微拌勻，再加入過篩粉類，接著加入剩餘蛋白霜拌勻。
將麵糊倒入烤盤中，以 200°C 烤焙 7 分鐘。
出爐置於涼架上，冷卻後以直徑 5.5 公分切模切成圓形備用。

## BASIL JELLY 九層塔果凍

Neutral glaze 鏡面果膠　80g
Basil 九層塔　10g

挑出九層塔葉。
將所有食材以食物調理機一同打勻，裝入擠花袋中備用。
避免顏色改變，不要直接照射燈光。

## LEMON CURD 檸檬凝乳

Lemon juice 檸檬汁　80g
Sugar 砂糖　90g
Egg 雞蛋　100g
Butter 奶油　150g
Gelatin 吉利丁片　1/4pc

將檸檬汁、雞蛋及砂糖一同煮滾後，以小火再煮 30 秒。
加入泡開的吉利丁片，隔冰降溫至 50°C 後加入奶油，以手持均質機拌勻，使用保鮮膜貼於表面防止結皮，冷藏冰硬備用。
擠成 3 公分高檸檬形狀。

## ITALIAN MERINGUE 義式蛋白霜

Egg white 蛋白　100g
Sugar 砂糖　200g
Mineral water 飲用水　60g

將蛋白置於攪拌缸中攪拌，砂糖與飲用水煮至 121°C 後，沖入蛋白中打發，做成義式蛋白霜。

## WHITE CHOCO PAINT 白巧克力噴面

32% white chocolate 32%白巧克力　100g

Cocoa butter 可可脂　100g

先將白巧克力與可可脂各別隔水融化。

再將可可脂倒入白巧克力中，以均質機打匀備用。

## TO FINISH

Basil leaf 九層塔葉

Vegetable oil 植物油

Yellow neutral glaze 黃色鏡面果膠

將甜塔皮內均匀塗上白巧克力噴面，冰於冷藏中定型取出。

擠一些檸檬凝乳於塔殼中，放上杏仁海綿蛋糕，於周圍擠上檸檬凝乳，與塔殼同高作爲圍邊。

於中央擠上8克九層塔果凍。再覆蓋檸檬凝乳後抹平。

將檸檬頭沾上黃色鏡面果膠，放置於塔中央，再將義式蛋白霜擠於周圍。以噴燈炙燒蛋白霜表面。

將植物油置於煮鍋中加熱至150°C，放入九層塔葉油炸至透光，撈出瀝油。最後裝飾於塔上。

# GRAN CANARIA
## 大加那利

Gran Canaria 是西班牙的領土，在西班牙工作時，有些朋友是從那邊過來的，所以我對這座島嶼並不陌生。它的地理位置其實是在非洲西北部外海，沿岸地區是亞熱帶海洋性氣候，得天獨厚，終年溫和舒適、陽光燦爛，自然也有豐饒的物產。

那時我觀察到，大加那利是世界上極少數能夠同時出產香蕉、咖啡及橄欖油的地區，我的理論哲學是：生長在樹上的食材、而且來自相同的文化地區，它們的味道一定會相配。於是，這三種看起來互不相關的食材，就在這道甜點裡一起精采演出了。

## PATE A FONCER 酥塔皮

Mold：∅ 8cm×H2cm tart ring
Butter奶油　105g
Icing sugar糖粉　15g
Salt鹽　3g
T55 flour T55法國傳統麵粉　150g
Egg yolk蛋黃　15g
Egg雞蛋　15g
Milk牛奶　15g

奶油切成薄片，冰於冷凍備用；蛋黃、雞蛋及牛奶拌勻備用。

將純糖粉、鹽、T55麵粉置於攪拌缸中，加入奶油薄片攪拌至沙粒狀後，加入液體拌成團即可。

麵團置於冷藏中鬆弛一晚。

將麵團擀至0.25公分厚，以直徑11.5公分切模成圓形後，冰於冷藏備用。

將切好的麵團捏入8×2公分圓形塔模中。壓烤焙石以170°C烘烤13分鐘後移除烤焙石，再烤至金黃上色即可。

## CUSTARD MAYONAISE 卡士達美乃滋

Crème pâtissière卡士達　400g
（卡士達配方請參考CHOU CHOU P236）
Olive oil橄欖油　100g

將卡士達與橄欖油以食物調理機打至滑順狀態備用。

## COFFEE MOUSSE 咖啡慕斯

Italian meringue義大利蛋白霜
　Egg white 蛋白　50g
　Sugar 砂糖　50g
　Mineral water飲用水　15g
Cream鮮奶油　250g
Coffee powder義式咖啡粉　10g
Gelatin吉利丁片　1pc

將蛋白置於攪拌缸中開始攪拌，砂糖與飲用水煮至118°C後沖入蛋白中打發，做成義式蛋白霜。

將鮮奶油與義式咖啡粉置於煮鍋中，煮滾悶10分鐘後過篩。隔冰降溫後，置於冷藏靜置隔夜，即是咖啡鮮奶油。

將咖啡鮮奶油打至7分發，取一部分與吉利丁一同加熱至融化。

將蛋白霜與打發咖啡鮮奶油拌勻。於矽膠布上擠上直徑8公分圓形後，置於冷凍冰硬；表面均勻噴上白巧克力噴面備用。

## WHITE CHOCOLATE PAINT 白巧克力噴面

32%white chocolate 32%白巧克力　100g
Cocoa butter可可脂　100g

先將白巧克力與可可脂各別隔水融化。

再將可可脂倒入白巧克力中，以均質機打勻備用。

## TO FINISH

Egg banana旦蕉
Green olive綠橄欖
Neutral glaze鏡面果膠
Lemon juice檸檬汁
Coffee bean咖啡豆
Silver leaf銀箔

將旦蕉、綠橄欖切片後，在表面刷上一層檸檬汁備用。
將酥塔皮內均勻塗上白巧克力噴面，冰於冷藏中定型取出。
將一半卡士達美乃滋先擠入塔殼中，以0.5公分旦蕉片舖滿塔，再擠入剩餘的卡士達美乃滋，抹平。
咖啡慕斯以直徑8公分圓形圈切除周圍多餘慕斯，放置於塔殼上方。
依序放上旦蕉片、綠橄欖片，於表面擠上適量鏡面果膠。再放上一顆咖啡豆，最後以銀箔裝飾。

# ANNICK
## 阿妮卡

這是法國經典地方甜點「安茹白乳酪蛋糕」（Crémet d'Anjou）的變化版，我爲她取了一個法國女孩的名字 Annick。安茹白乳酪蛋糕的主要材料有法式白乳酪、鮮奶油及蛋白霜，口感既輕盈又綿密，搭配新鮮的季節水果及果醬作爲甜點，很日常的感覺。至於 Annick，我希望賦與她優雅的現代感，因而改用杯子來呈現，並在主體白乳酪蛋糕中加入玫瑰水，增加雅緻馨香，再搭配烘烤過的夏威夷果仁，堅果天生的香氣及咬感，更強化了 Annick 的風味層次。

Glass：⌀ 6cm × H7cm    Interior：⌀ 4cm × H2cm disc

## GENOISE 熱內亞海綿蛋糕

Mold：40 × 60cm tray
Egg 雞蛋　440g
Sugar 砂糖　240g
T55 flour　T55法國傳統麵粉　240g
Butter 奶油　80g

將雞蛋置於攪拌缸中打發，並分3次加入砂糖。
取部分雞蛋糊與融化奶油拌勻。
作法1的剩餘雞蛋糊分次加入過篩粉類與作法2奶油雞蛋糊，攪拌均勻。
將麵糊倒入抹平於烤盤中，以190℃烤焙10分鐘。
出爐置於涼架上，冷卻後以直徑4公分及5.5公分切模切成圓形備用。

## MACADAMIA NUTS 夏威夷果仁

Macadamia nuts 夏威夷果仁　100g
Cocoa butter 可可脂　15g

將烘烤過的夏威夷豆切成1.5公分。
可可脂融化拌入夏威夷果仁至均勻裏上表面。置於冷藏中備用。

## RED FRUIT JELLY 紅莓果凍

Sugar 砂糖　75g
Mineral water 飲用水　135g
Gelatin 吉利丁片　3pcs
Raspberry puree 覆盆子果泥　150g
Red currant puree 紅醋栗果泥　75g
Kirsch 櫻桃白蘭地　30g

將砂糖、飲用水及吉利丁片一同加熱至融化。
加入覆盆子果泥與紅醋栗果泥一同拌勻。
最後再加入櫻桃白蘭地拌勻備用。

## ROSE ANJOU CREAM 白乳酪蛋糕

Italian meringue 義式蛋白霜
　Egg white 蛋白　110g
　Sugar 砂糖　110g
　Mineral water 飲用水　33g
Fromage blanc 白乳酪　300g
Cream 鮮奶油　150g
Lemon juice 檸檬汁　24g
Rose water 玫瑰水　24g
Gelatin 吉利丁　3pcs

將蛋白置於攪拌缸中開始攪拌，砂糖與飲用水煮至121℃，沖入蛋白中打發，做成義式蛋白霜。
將白乳酪、檸檬汁及玫瑰水一同拌勻，取一部分與吉利丁片一同加熱至融化，再與原汁液一同拌勻。
拌入蛋白霜與打發鮮奶油，輕柔拌勻即可。

## TO FINISH

Raspberry 覆盆子
Red currant 紅醋栗
Decoration icing sugar 防潮糖粉
Macaron shell 馬卡龍（馬卡龍配方請參考ANNA P280）
Rose petal 玫瑰花瓣

將直徑4公分熱內亞海綿蛋糕以叉子戳洞後放於中心餡模具中，倒入20克紅莓果凍。冰於冷凍。
於杯子底部倒入20克紅莓果凍，再放上一片直徑5.5公分海綿蛋糕。
於周圍放上三顆覆盆子與六顆凍紅醋栗。中間放入一茶匙夏威夷果仁。
灌入30克白乳酪蛋糕，再放入果凍。
重複作法3並放入相同數量的食材。
將白乳酪蛋糕擠至杯口。
表面以防潮糖粉、馬卡龍及玫瑰花瓣裝飾。

# PANAMERA
## 帕納美拉

椰子、芒果、百香果、香蕉、鳳梨、黑糖，光看食材就知道這是個很熱帶的甜點，但我卻不想把「熱帶」這兩字放到甜點名稱裡，太直接會少了趣味。我當時想到「Pan Americana」（泛美）這個詞，直覺就聯想到南美洲的熱帶雨林氣候，於是我特別用了拼音接近的「Panamera」，這名稱其實是保時捷的一款四門跑車，我調皮的開了一個小玩笑，汽車產業也吹熱帶風。

我將這些充滿香氣的熱帶食材做成奶酪、布丁及果凍，軟Q綿滑，還用上了台灣常見的白木耳、枸杞。在我眼中，枸杞是相當有特色的食材，它帶甜味又具獨特幽香、圓潤不搶戲，既能和其他食材相輔相成，卻也同時保有特色，而它的形狀特別、顏色漂亮、辨識度極高，是甜點好搭檔，也為Panamera帶來一抹東方風情。

Glass：∅ 6cm × H7cm

## COCONUT BLANC MANGER 椰子奶酪

Milk 牛奶　140g
Sugar 砂糖　25g
Gelatin 吉利丁片　1.5pcs
Coconut puree 椰子果泥　70g
Cream 鮮奶油　70g

將牛奶、砂糖及吉利丁片一同加熱至融化。倒入椰子果泥中。
隔冰降溫到稍微呈果凍的狀態，再拌入微打發（約4分發的）鮮奶油。

## MANGO PUDDING 芒果布丁

Fresh mango 新鮮芒果　100g
Mango puree 芒果果泥　30g
Coconut puree 椰子果泥　70g
Cream 鮮奶油　40g
Sugar 砂糖　20g
Egg yolk 蛋黃　40g
Gelatin 吉利丁片　1.5pcs

將新鮮芒果以食物調理機打成泥。與芒果果泥與椰子果泥一同置於鋼盆中。
鮮奶油、砂糖及蛋黃一同加熱至83℃，加入泡開的吉利丁片，倒入作法1中拌勻。

## TROPICAL JELLY 熱帶水果果凍

Mango puree 芒果果泥　120g
Passion fruit puree 百香果果泥　40g
Egg banana puree 旦蕉果泥　40g
Neutral glaze 鏡面果膠　90g
Gelatin 吉利丁片　1.5pcs

將旦蕉以食物調理機打成泥狀。
將芒果果泥、百香果果泥及旦蕉果泥拌勻，加熱後取一部分與吉利丁一同加熱至融化。
再倒回剩餘果泥與鏡面果膠中拌勻。

## DARK SUGAR JELLY 黑糖果凍

Mineral water 飲用水　600g
Brown sugar 二砂　90g
Dark sugar 黑糖　6g
Gelatin 吉利丁片　4.5pcs

將所有食材一同加熱至吉利丁片融化，隔冰降溫備用。

TO FINISH

Mini pineapple 迷你鳳梨片
Goji berry 枸杞
White fungus 白木耳
Coconut powder 椰子粉

白木耳以滾水汆燙10分鐘後冰鎮，擠出多餘水分浸泡於30%糖水（份量外）。
鳳梨片以滾水汆燙1分鐘後冰鎮，泡於20%糖水（份量外）。
將25克椰子奶酪斜倒入杯中，冰於冷凍。
將杯子平放，於椰子奶酪上方倒入25克芒果布丁，冷凍。
於芒果布丁上方倒入20克熱帶水果果凍，冷凍。
將5克白木耳與1片鳳梨片切成適當大小放入杯中，接著放入枸杞。
將60克黑糖果凍緩緩倒入。置於冷藏至結成果凍。
於杯緣沾上椰子粉即可。

# KOTO
# 古都

看到Koto這個詞，就會聯想到京都或鎌倉這樣的歷史古都，因此，我希望這款蛋糕呈現典型而傳統的日本風味，於是選擇「抹茶」，做成慕斯，再搭配「蜜紅豆」、「黃豆」口味的巴伐利亞及杏仁海綿蛋糕，而「黑糖」則做成脆餅及香緹鮮奶油，最後搭配「金棗奶油霜」夾心的抹茶馬卡龍，為這道甜點加入一抹柑橘酸香。古都呈現著兼容並蓄的風味，最傳統的日本元素，以法式點心的技法展現著。

Mold：L30cm×W10cm×H5cm　　　Interior：L30cm×W40cm×H5cm

## DARK SUGAR CRUMBLE 黑糖脆餅

Almond powder 杏仁粉　100g
Icing sugar 純糖粉　100g
Butter 奶油　100g
Cake flour 低筋麵粉　100g
Dark sugar 黑糖　60g
Apricot glaze 杏桃果膠　Q/S

將奶油切成薄片置於冷凍。
杏仁粉、純糖粉及低筋麵粉置於攪拌缸中，加入奶油薄片攪拌成團即可。
麵團置於冷藏中鬆弛一晚。
將麵團延壓至0.2公分，上方撒上黑糖。
以160°C烤焙15分鐘至金黃上色。
冷卻後，脆餅上方刷上適量杏桃果膠備用。

## KINAKO JOCONDE 黃豆杏仁海綿蛋糕

40cm×60cm tray
Almond powder 杏仁粉　60g
Icing sugar 純糖粉　60g
Kinako powder 黃豆粉　60g
Egg yolk 蛋黃　215g
Egg white（1）蛋白（1）　50g
Egg white（2）蛋白（2）　280g
Sugar 砂糖　145g

將純糖粉、杏仁粉、烤焙過黃豆粉、蛋黃及蛋白（1）置於攪拌缸中，開始打發。
取另一鍋，放入蛋白（2），分三次加入砂糖打發。
取一部分打發蛋白霜加入作法1，稍微拌勻，最後再加入剩餘蛋白霜拌勻。
將麵糊倒入烤盤中抹平，以185°C烤焙7分鐘。
出爐置於涼架上，冷卻後切成30×40公分備用。

## KINAKO BAVAROIS 黃豆巴伐利亞

Milk 牛奶　240g
Kinako powder 黃豆粉　72g
Egg yolk 蛋黃　96g
Brown sugar 二砂　96g
Gelatin 吉利丁片　4.8pcs
Cream 鮮奶油　276g

將牛奶、烤焙過的黃豆粉、蛋黃及二砂一同加熱至83°C，加入泡開的吉利丁片，隔冰降溫至28°C。
再加入打發鮮奶油，拌勻後立刻可使用。

## RED BEAN 蜜紅豆

Sweetened red bean 蜜紅豆粒　160g
Mineral water 飲用水　160g
Brown sugar 二砂　32g

將所有食材一同煮滾，再以小火燉煮10分鐘。
過濾出多餘湯汁，室溫冷卻備用。

## DARK SUGAR CHANTILLY 黑糖香緹

Cream 鮮奶油　352g
Dark sugar 黑糖　123g
Gelatin 吉利丁片　1.8pcs

鮮奶油與黑糖打至半發，取一部分與吉利丁片一同加熱至融化，再倒回入原本的鮮奶油中打發至半發即可。

## GREEN PAINT 綠色噴面

Cocoa butter 可可脂　150g
Green chocolate coloring 食用巧克力綠色色粉　1g

將可可脂融化後，加入綠色巧克力食用色粉以均質機拌勻。

## BAMBOO CHARCOAL GLAZE 竹炭果膠

Neutral glaze 鏡面果膠　100g
Bamboo charcoal 竹炭粉　1g

將鏡面果膠加入竹炭粉攪拌均勻。

## MATCHA MOUSSE 抹茶慕斯

Cream（1）鮮奶油（1）　40g

Milk 牛奶　40g

Sugar 砂糖　7g

Egg yolk 蛋黃　12g

Gelatin 吉利丁　1pc

32% white chocolate 32%白巧克力　125g

Matcha 抹茶粉　12g

Cream（2）鮮奶油（2）　290g

將白巧克力融化後，加入過篩的抹茶粉拌勻。

將牛奶、鮮奶油（1）、砂糖及蛋黃一同加熱至83°C，加入泡開後的吉利丁片，過篩倒入抹茶白巧克力中拌勻。

甘納許溫度降至28°C，加入打發鮮奶油（2）拌勻備用。


## KUMQUAT BUTTER CREAM 金棗奶油霜

Egg white 蛋白　40g

Sugar 砂糖　40g

Mineral water 飲用水　13g

Butter 奶油　80g

Kumquat confit paste 糖漬金棗醬　35g

將蛋白置於攪拌缸中攪拌，砂糖與飲用水煮至118°C後沖入蛋白中打發。

分次加入奶油薄片拌勻，再加入糖漬金棗醬拌勻即可。


## MACARON SHELL 馬卡龍

Icing sugar 純糖粉　120g

Almond powder 杏仁粉　120g

Matcha 抹茶粉　Q/S

Egg white（1）蛋白（1）　50g

Green coloring 綠色食用色素　Q/S

Sugar 砂糖　120g

Mineral water 飲用水　30g

Egg white powder 蛋白粉　1g

Egg white（2）蛋白（2）　40g

將純糖粉、杏仁粉、抹茶粉、蛋白（1）及適量綠色食用色素拌勻備用。

將蛋白（2）與蛋白粉置於攪拌缸中攪拌，砂糖與飲用水煮至118°C後，沖入蛋白中打發。與作法1一同拌勻。

於矽膠布上擠出直徑3公分圓形，待表面結皮，用指腹檢查不會沾黏麵糊，以140°C，烤焙10分鐘。


## TO FINISH

Chocolate decoration 巧克力飾片

Gold leaf 金箔

將黃豆杏仁海綿蛋糕置於中心餡模具底部，倒入黃豆巴伐利亞後均勻鋪上蜜紅豆粒。冷凍。

倒入黑糖香緹於上方，冷凍。

將作法2切成8×30公分長條。

將黑糖脆餅放於外層模具，再將作法3置中放入。

倒入抹茶慕斯至頂端，抹平。冷凍。

脫模，於各面噴上綠色噴面，再切成每片10×3公分。

馬卡龍內放入金棗奶油霜夾餡。

最後再以竹炭果膠、巧克力飾片及金箔裝飾。

# MT-BLANC
## 蒙布朗

蒙布朗（Mont Blanc）是法國知名的白朗峰，這道法式經典甜點主要是由蛋糕體及蛋白霜組成，外頭以栗子泥擠花，最後撒上糖粉，外觀如積雪皚皚的山峰而得名。

我的蒙布朗版本，是我在東京的甜點店工作時跟主廚學的，沿襲自我主廚的師傅稻村省三，他是日本知名的甜點師。店裡的主廚在蒙布朗中加入了黑醋栗，以水果的自然酸香來平衡蛋糕整體的甜度。而台灣的天氣更加暖熱潮溼，我於是提高莓果的比例、以紅醋栗取代黑醋栗。稻村主廚的栗子泥擠花方式也與眾不同，傳統的蒙布朗外觀是義大利麵般的細條狀，而稻村師傅則是使用 Chemin de fer（法國牛排齒型花嘴），讓栗子泥呈筆直層疊的排列，這也是我們同門師兄弟間的識別標誌了。

Mold：⌀ 6cm×H3cm half sphere

### GENOISE 熱內亞海綿蛋糕

Egg 雞蛋　440g
Sugar 砂糖　240g
T55 flour　T55法國傳統麵粉　240g
Butter 奶油　80g

將雞蛋置於攪拌缸中打發，砂糖分3次加入。
取部分雞蛋糊與融化奶油拌勻。
作法1的剩餘雞蛋糊分次加入過篩粉類與作法2奶油雞蛋糊，攪拌均勻。
將麵糊擠入模具中，每個20克。
以160°C烤焙12分鐘。出爐冰於冷凍，脫模後以直徑3公分挖球器挖出高1公分半圓形備用。

### CHESTNUT CUSTARD 栗子卡士達

Crème pâtissière 卡士達　200g
（卡士達配方請參考 CHOU CHOU P236）
Chestnut confit 糖漬栗子　40g
Chestnut confit syrup 栗子糖漿　10g

將糖漬栗子切成小丁，卡士達拌軟。
將所有食材置於鋼盆中拌勻。
擠於蛋糕半圓形孔洞與蛋糕邊緣，每個25克。冰於冷凍備用。

### CHANTILLY 香緹

Cream 鮮奶油　250g
Icing sugar 純糖粉　25g
Red currant 紅醋栗　10pcs/each

鮮奶油與過篩純糖粉置於攪拌缸中，打至7分發。
將香緹擠入模具中至一半高，加入10顆紅醋栗，再擠上香緹至低於模具1公分處。
放上擠有栗子卡士達的蛋糕後，刷上適量酒糖液，冰於冷凍，使用前脫模。

### ARMAGNAC SYRUP 酒糖液

Mineral water 飲用水　100g
Sugar 砂糖　20g
Armagnac 雅馬邑白蘭地　15g

將所有食材一同拌勻即可。

### CHESTNUT CREAM 栗子餡

Chestnut paste 栗子醬　400g
Butter 奶油　110g
Chestnut confit syrup 栗子糖漿　40g
Armagnac 雅馬邑白蘭地　12g

將栗子醬與軟化奶油置於攪拌缸中拌軟。
再加入糖漬栗子糖漿與雅馬邑白蘭地拌勻，冰於冷藏備用。

### BUTTER CREAM 奶油霜

Egg white 蛋白　100g
Sugar 砂糖　100g
Mineral water 飲用水　35g
Butter 奶油　200g

將蛋白置於攪拌缸中開始攪拌，砂糖與飲用水煮至118°C沖入蛋白中打發。
分次加入奶油薄片拌勻。
以 St. honore 花嘴將奶油霜擠成翅膀形狀，表面撒上防潮糖粉（份量外），冰於冷凍備用。

TO FINISH

Chestnut confit 糖漬栗子
Decoration icing sugar 防潮糖粉
Gold leaf 金箔

將蛋糕脫模，黏於底座上。
栗子餡拌軟，以半排齒形花嘴擠出線條，覆蓋蛋糕球。
依序放上四瓣奶油霜，接著放上適當大小糖漬栗子。
表面撒上防潮糖粉，最後以金箔點綴。

# AMELIE
# 艾蜜莉

《Amélie》（艾蜜莉的異想世界）是我最喜歡的電影之一，我希望這道甜點展現調皮可愛的感覺，就像劇中女主角的個性。我做的 Amélie 是「翻轉蘋果塔」（Tarte Tatin）的變化型，加入巧克力元素，以巧克力酥餅取代酥皮、用牛奶巧克力香緹作為裝飾，讓日常點心多了點不凡的變化，滋味更加濃厚豐美。我還用上了台灣料理常用的香料「五香粉」，在牛奶巧克力香緹裡加入恰到好處的香料，悠悠香氣若隱若現。最後以杏仁片、小紅莓及八角做裝飾，透露著古靈精怪的氣息，同時也讓人感到暖心自在、念念不忘。

## CHOCOLATE FONCER 巧克力酥餅

Butter 奶油　105g

Icing sugar 純糖粉　15g

Salt 鹽　3g

T55 flour　T55 法國傳統麵粉　100g

Cocoa powder 可可粉　50g

Egg yolk 蛋黃　15g

Egg 雞蛋　15g

Milk 牛奶　15g

奶油切成薄片冰於冷凍備用；蛋黃、雞蛋及牛奶拌勻備用。
將純糖粉、鹽、T55 麵粉及可可粉置於攪拌缸中，加入奶油
薄片攪拌至沙粒狀，加入蛋黃、雞蛋及牛奶拌成團。
麵團置於冷藏中靜置隔夜。將麵團擀至0.25公分厚，以直
徑7.5公分切模成圓形後，冰於冷凍備用。
將作法3置於烤盤上覆蓋上一張烤焙紙與一個烤盤，以
170°C烘烤12分鐘後移除烤焙紙與烤盤，再烤2分鐘即可。

## TATIN 烤蘋果

Apple 蘋果　1400g

Butter 奶油　30g

Brown sugar 二砂　36g

Sugar 砂糖　90g

Yellow pectin 黃色果膠粉　12g

Lemon juice 檸檬汁　60g

將蘋果切成1公分片狀。
將剩餘食材混合均勻後，倒入蘋果中拌勻。
倒入平烤盤中，蓋上鋁箔紙。
以160°C烘烤3小時至焦糖化，烤焙過程中，每隔30分鐘
可觀察狀態（將多餘的水分倒出，若過乾也可以補一點蘋果
水）慢慢烤至焦糖蘋果狀。
隔冰冷卻後，填入直徑6公分塔圈中，每個60克重。

## CALVADOS GLAZE 蘋果白蘭地淋面

Apricot glaze 杏桃果膠　300g

Calvados 蘋果白蘭地　70g

將所有食材混合均勻後煮滾，溫熱備用。

## MILK CHOCOLATE CHANTILLY 牛奶巧克力香緹

Cream 鮮奶油　200g

40% milk chocolate　40% 牛奶巧克力　100g

5 spices 五香粉　5g

將一半的鮮奶油煮滾沖入40%牛奶巧克力、五香粉中拌勻。
將剩餘的鮮奶油加入牛奶巧克力甘納許中，以手持均質機拌
勻，置於冷藏中靜置隔夜。

## TO FINISH

Almond slice 杏仁片

Lingonberry 小紅莓

Star anise 八角

Gold leaf 金箔

烤蘋果脫模後，在表面與四周刷上煮滾的蘋果白蘭地淋面，置於巧克力酥餅上方。
牛奶巧克力香緹打發後，放入擠花袋中，以St. honore花嘴擠出。
最後依序放上杏仁片、小紅莓及八角，最後再以金箔點綴。

# PRISM
## 稜晶

Prism是「稜鏡」的意思，完成這個蛋糕時，我心裡的想像是大地一片完美無暇的雪景，悄聲反射著溫暖明亮的陽光，雪地裡一片靜好，全無人為痕跡。

我以「酒釀」與「乳酪」來表現這款輕柔細綿的蛋糕，東西方的經典發酵食物在此相遇，我的理論是：同樣是發酵品，味道一定合拍。頭一次品嘗酒釀，是來到台灣不久之後，當時我吃的是酒釀湯圓，酸甜中又帶酒香，天生就適合拿來做甜點，十分具有潛力，這個新食材立即進了我的味覺記憶庫，等候醞釀發酵。唯一需要注意的是，酒釀不能直接使用，必須先將它煮到90°C，中止發酵過程，否則酒釀發酵過頭就會變苦。不斷的實驗創作、不停的巧思變化，甜點世界無窮無盡。

Mold：L25cm×W10cm×H6cm log

## MACADAMIA CRUMBLE 夏威夷果仁脆餅

Almond powder 杏仁粉　20g
Icing sugar 純糖粉　20g
Butter 奶油　20g
Cake flour 低筋麵粉　20g
Macadamia nuts 夏威夷果仁　30g

將奶油切成薄片置於冷凍。

杏仁粉、純糖粉及低筋麵粉置於攪拌缸中，再加入奶油薄片攪拌成團。

麵團置於冷藏中鬆弛一晚。

將麵團與夏威夷果仁一同切成細碎狀。鋪於矽膠布上方，寬度為8公分，厚度0.2公分。

以165°C烤焙12分鐘至金黃上色。冷卻後，將脆餅切成8×3公分，保存於乾燥保鮮盒中備用。

## JONYAN CHEESE MOUSSE 酒釀乳酪慕斯

Fermented rice 甜酒釀　200g
Cream 鮮奶油　250g
Fromage blanc 白乳酪　100g
Gelatin 吉利丁片　4pcs
Egg yolk 蛋黃　45g
Sugar 砂糖　80g
Mineral water 飲用水　25g

蛋黃置於攪拌缸中攪拌，砂糖與飲用水煮至118°C沖入蛋黃中打發。

將甜酒釀打成泥，煮至90°C，加入泡開的吉利丁片，隔冰降溫至35°C與白乳酪拌勻。

加入打發蛋黃稍微拌勻後，放入半發的鮮奶油輕柔拌勻。

倒入模具中，每個280克。置於冷凍冰硬備用。

## CHEESECAKE 乳酪蛋糕

Mold：25cm×25cm×2cm square
Cream cheese 奶油乳酪　630g
Sugar 砂糖　185g
Cake flour 低筋麵粉　30g
Egg 雞蛋　150g
Egg yolk 蛋黃　22g
Cream 鮮奶油　45g

雞蛋、蛋黃及鮮奶油拌勻備用。

以微波爐將奶油乳酪加熱軟化後置於鋼盆中，接著加入砂糖拌勻。

於鋼盆中分三次加入作法1後拌勻。

最後加入過篩粉類拌勻後，倒入置於矽膠布上的模型中。

以95°C烤焙30分鐘。放涼脫模置於冷凍冰硬備用。

## TO FINISH

Cream 鮮奶油
Decoration icing sugar 防潮糖粉
Goji berry 枸杞
Neutral glaze 鏡面果膠

將酒釀乳酪慕斯脫模，放置於乳酪蛋糕上。
再將乳酪蛋糕切成與酒釀乳酪慕斯同樣寬度的長條狀。
以半發鮮奶油覆蓋乳酪蛋糕。
將蛋糕移至砧板上，冰於冷凍冰硬，切成3公分片狀。
表面撒上防潮糖粉後，移至夏威夷果仁脆餅上。表面擠上一滴鏡面果膠、放上一顆枸杞。

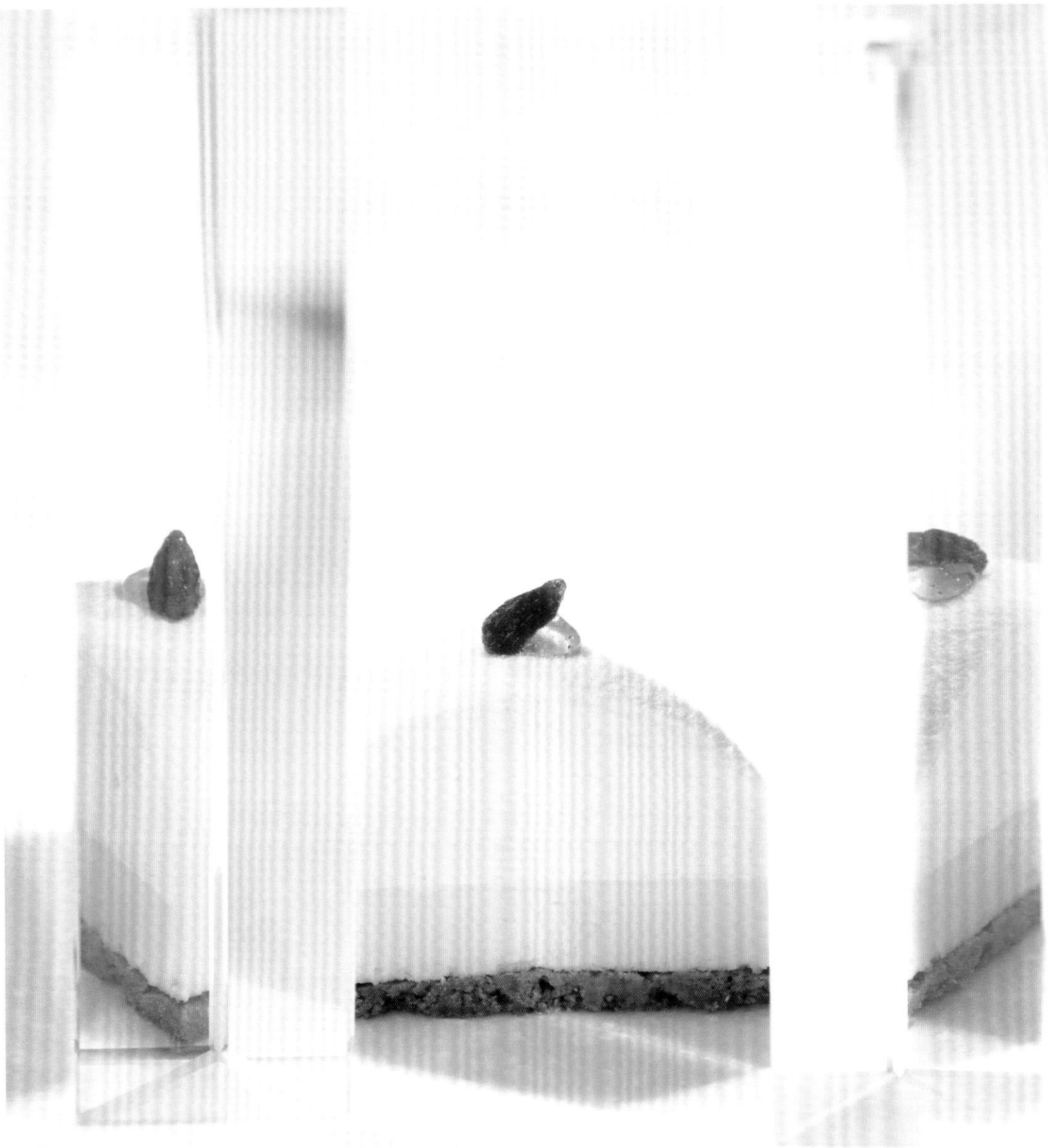

# MONTSE
## 蒙西

Montse（Montserrat Fontané）是 Roca 三兄弟的母親，也是 El Celler de Can Roca 的靈魂人物，對料理充滿熱情，即便年事已高，依然爽朗有活力。

在 Roca，如果有客人生日，我們有時就會獻上這款蛋糕，當時我曾爲 Roca 兄弟的母親 Montse 製作，她很喜歡。蛋糕外觀是玫瑰粉紅色澤，代表著母親般的熱情溫暖；內餡有巧克力海綿蛋糕、覆盆子果凍、白巧克力慕斯及開心果脆片，軟滑中帶脆感，覆上牛奶淋面，最後裝飾玫瑰花瓣與覆盆子馬卡龍，細緻、溫柔、熱情、勇於表達自我，獻給我心中的淑女媽媽 Montse。

Mold：⌀ 17.5cm×H5cm ring　　Interior：⌀ 15cm×H5cm ring

## CHOCOLATE SPONGE 巧克力海綿蛋糕

40cm×60cm tray
Egg yolk 蛋黃　140g
Egg white（1）蛋白（1）　130g
Sugar（1）砂糖（1）　150g
Egg white（2）蛋白（2）　125g
Sugar（2）砂糖（2）　60g
Cake flour 低筋麵粉　55g
Cocoa powder 可可粉　35g

將蛋黃、蛋白（1）及砂糖（1）置於攪拌缸中打發。
將蛋白（2）與砂糖（2）置於另一個攪拌缸中打發做成蛋白霜。
取一部分蛋白霜加入作法1中，拌入一同過篩的低筋麵粉及可可粉，稍微拌勻，加入剩餘蛋白霜拌勻。
將麵糊倒入烤盤中抹平，以200°C烤焙8分鐘。
出爐置於涼架上冷卻後，使用兩種尺寸切模，切出一大一小的圓形。

## RASPBERRY JELLY 覆盆子果凍

Raspberry puree 覆盆子果泥　375g
Sugar 砂糖　75g
Gelatin 吉利丁片　5pcs
Red currant 紅醋栗　35g/pc

取一部分覆盆子果泥、砂糖及吉利丁片一同加熱至融化，再倒入剩餘覆盆子果泥拌勻備用。
將小片的巧克力海綿蛋糕放入中心餡模具再倒入覆盆子果凍，每個100克，於果凍內平均放入紅醋栗，冰於冷凍。

## WHITE CHOCOLATE MOUSSE 白巧克力慕斯

32% white chocolate 32%白巧克力　525g
Milk 牛奶　115g
Cream 鮮奶油（1）　115g
Sugar 砂糖　20g
Egg yolk 蛋黃　35g
Gelatin 吉利丁片　3pcs
Cream 鮮奶油（2）　875g

將牛奶、鮮奶油（1）、砂糖及蛋黃一同加熱至83°C加入吉利丁片，過篩倒入白巧克力中拌勻。
甘納許溫度降至28°C，加入打發鮮奶油（2）拌勻備用。

## PISTACHIO FEUILLETINE 開心果脆片

Feuilletine 芭瑞脆片　50g
Pistachio paste 開心果醬　50g
41% milk chocolate 41%牛奶巧克力　50g

將隔水融化後的牛奶巧克力、芭瑞脆片及開心果醬拌勻備用。
平均塗抹於大片的巧克力海綿蛋糕上。

## MILK GLAZE 牛奶淋面

Milk 牛奶　200g
Glucose 葡萄糖漿　150g
Cake flour 低筋麵粉　8g
Gelatin 吉利丁片　3pcs
White chocolate coloring 食用巧克力白色色粉　Q/S
Red chocolate coloring 食用巧克力紅色色粉　Q/S

將牛奶、葡萄糖漿及低筋麵粉一同煮滾。加入吉利丁片拌勻。
再加入適量食用巧克力白色及紅色色粉，以手持均質機均質。冷卻備用。

TO FINISH

Rose petal 玫瑰花瓣
Macaron shell 馬卡龍（馬卡龍配方請參考 ANNA P280）
Raspberry jam 覆盆子果醬
Raspberry 覆盆子
Chocolate belt 巧克力腰帶
Plastic chocolate ring 塑形巧克力圈

將白巧克力慕斯倒入外圈模具中至一半高度，用湯匙沿邊把慕斯往上抹至與模具同高。
置中放入覆盆子果凍，稍微旋轉入模再擠入白巧克力慕斯抹平，覆蓋上開心果脆片海綿蛋糕，脆片面朝內。冷凍。
脫模，淋上牛奶淋面，外圈放上巧克力腰帶。
先將馬卡龍填入覆盆子果醬。再依序放上覆盆子、馬卡龍及玫瑰花瓣裝飾。

# ANNA
## 安娜

Anna則是Roca三兄弟中長兄Joan Roca的太太，從事餐飲管理相關教職的她，大方聰明，對大家都很照顧，讓餐廳帶著家庭般的友善氣氛，在這裡工作十分幸福，是我生命中很重要的日子。

如花朵般繽紛、充滿陽光般奪目鮮豔的色彩，明亮聰慧、溫暖怡人，這是我對地中海女郎Anna的印象。以杏仁海綿蛋糕為主體，搭配紅醋栗果凍、橘子卡士達醬及白酒慕斯，外觀同樣是覆上牛奶淋面，最後的裝飾則是彩色馬卡龍及塑形巧克力花。橘子是地中海重要的作物，看到它就想到我在Roca那段愉快溫馨的記憶，大家齊心合作，我就像大家庭的一份子，備受照顧。

Mold：⌀ 17.5cm×H5.5cm doughnut　　Interior：⌀ 15.5cm×H4.5cm doughnut

## JOCONDE 杏仁海綿蛋糕

40cm×60cm tray
Icing sugar 純糖粉　100g
Almond powder 杏仁粉　100g
Egg yolk 蛋黃　80g
Egg white（1）蛋白（1）　60g
Egg white（2）蛋白（2）　200g
Sugar 砂糖　120g
Cake flour 低筋麵粉　90g
Clos du Pirouet white wine 白酒　Q/S

將純糖粉、杏仁粉、蛋黃及蛋白（1）置於攪拌缸中，開始打發。
打發蛋白（2）、砂糖分三次加入打發成蛋白霜。
取一部分打發蛋白霜拌入作法1，稍微拌勻，再加入過篩粉類。最後再加入剩餘蛋白霜拌勻。
將麵糊倒入烤盤中抹平，以200°C烤焙7分鐘。
出爐置於涼架上，冷卻後切成與外圈模具及中心餡模具相同大小。於外圈蛋糕上塗上30克、中心餡蛋糕上塗上20克白酒。

## RED CURRANT JELLY 紅醋栗果凍

Red currant puree 紅醋栗果泥　200g
Sugar 砂糖　40g
Gelatin 吉利丁片　3pcs

取一半紅醋栗果泥與砂糖、吉利丁片一同加熱至融化。再拌入剩餘果泥。
將120克果凍倒入直徑15公分甜甜圈矽膠模具中。置於冷凍冰硬備用。

## ORANGE CUSTARD 橘子卡士達

Orange juice 橘子汁　225g
Egg yolk 蛋黃　33g
Sugar 砂糖　55g
Corn starch 玉米粉　12g
Cake flour 低筋麵粉　12g
Orange zest 橘子皮絲　3pcs
Cointreau 君度橙酒　32g
Gelatin 吉利丁片　1⅔pcs
Cream 鮮奶油　160g

將蛋黃、砂糖、過篩粉類放入鋼盆中攪拌均勻。
將橘子汁煮滾。慢慢沖入作法1中拌勻後過濾。
再將液體倒回煮鍋中，加熱至煮滾，再煮約1分鐘離火，加入橘子皮絲拌勻。
倒入鋪有保鮮膜的平鐵盤中，將多餘的空氣去除包好。置於冷凍中急速降溫。
將橘子卡士達拌軟，再取一部分與吉利丁片一同加熱至融化，倒回剩餘卡士達中拌勻，最後再拌入君度橙酒與半發鮮奶油拌勻即可。
將270克橘子卡士達倒於紅醋栗果凍上方，再覆蓋上一片杏仁海綿蛋糕，冰於冷凍冰硬備用。

## WHITE WINE MOUSSE 白酒慕斯

Italian meringue 義式蛋白霜　100g
　　Sugar（1）砂糖（1）　100g
　　Mineral water 飲用水　35g
　　Egg white 蛋白　50g
Clos du Pirouet white wine 白酒　245g
Sugar（2）砂糖（2）　100g
Egg yolk 蛋黃　80g
Lemon juice 檸檬汁　30g
Cream 鮮奶油　350g
Gelatin 吉利丁片　8pcs

將蛋白置於攪拌缸中開始攪拌，砂糖（1）及飲用水煮至118°C後，沖入蛋白中打發，做成義式蛋白霜。
將白酒、砂糖（2）及蛋黃一同加熱至83°C。
取一部分打發鮮奶油與泡開的吉利丁片一同加熱至融化後加入檸檬汁中，拌勻。再加入作法1的蛋白霜、作法2蛋黃醬，及剩餘打發鮮奶油一同拌勻。

## MACARON SHELL 馬卡龍

Icing sugar 純糖粉　120g
Almond powder 杏仁粉　120g
Egg white（1）蛋白（1）　50g
Food coloring 食用色素　Q/S
Sugar 砂糖　120g
Mineral water 飲用水　30g
Egg white powder 蛋白粉　1g
Egg white（2）蛋白（2）　40g

將純糖粉、杏仁粉、蛋白（1）與食用色素拌勻備用。
將蛋白（2）及蛋白粉放入攪拌缸中開始攪拌，砂糖與飲用水煮至118°C後沖入蛋白中打發。與作法1一同拌勻。
於矽膠布上擠上直徑3公分圓形，待表面結皮，以140°C，烤焙10分鐘。

## MILK GLAZE 牛奶淋面

Milk 牛奶　200g
Glucose 葡萄糖漿　150g
Cake flour 低筋麵粉　8g
Gelatin 吉利丁片　3pcs
White chocolate coloring 食用巧克力白色色粉　5g
Yellow chocolate coloring 食用巧克力黃色色粉　Q/S

將牛奶、葡萄糖漿及低筋麵粉一同煮滾。加入吉利丁片拌勻。
再加入食用巧克力白色與黃色色粉，以手持均質機均質。冷卻備用。

## TO FINISH

Flowers 食用花
Plastic chocolate flower 塑形巧克力花
（塑形巧克力花食譜請參考DEAR COCO P286）

將300克白酒慕斯擠入外圈的甜甜圈矽膠模具中。用湯匙沿邊把慕斯往上抹至與模具同高。
置中放入中心餡再擠入150克白酒慕斯抹平，放上杏仁海綿蛋糕。冰於冷凍。
脫模，淋上牛奶淋面，表面以馬卡龍殼、塑形巧克力、食用花裝飾。

# DEAR COCO
## 親愛的可可

可可‧香奈兒（Coco Chanel）所創辦的精品品牌風靡全球，她打破常規，以時裝表現出女性剛柔並濟的特質，極有象徵意義。

我把可可‧香奈兒（Coco Chanel）的識別元素放進蛋糕中，山茶花、珍珠、黑白色彩及粗毛呢，創造出視覺意象。山茶花是以塑形白巧克力做成，底下所鋪的巧克力餅，特別做出格紋感；蛋糕下半部沾了椰子粉，是為了創造出「毛呢感」，不知道大家是否能感受到這些用意？

「既然是以『Coco Chanel』為主題，那就以Coconut（椰子）為材料好了。」當時我是這麼想的。內裡是香草椰子慕斯、戚風蛋糕、乳酪蛋糕及紅心芭樂果凍的組合，柔鬆滑嫩，帶著香草椰子的濃郁、紅心芭樂的清爽。紅心芭樂是Roca經常會使用的食材，我們以前就做過芭樂與乳酪的搭配，兩者是好搭擋。最後覆上絲滑的牛奶淋面，黑與白，經典時尚又有魅力，就是我對Coco Chanel的詮釋。

Mold：⌀18cm×H4.5cm　　Interior：⌀15cm×H5cm ring

## CHIFFON SPONGE 戚風蛋糕

Mold：40×60cm tray
Egg yolk 蛋黃　175g
Sugar（1）砂糖（1）　80g
Honey 蜂蜜　65g
Vegetable oil 植物油　140g
Egg white 蛋白　335g
Sugar（2）砂糖（2）　135g
Cake flour 低筋麵粉　190g
Baking powder 泡打粉　4.5g

將蛋黃、砂糖（1）、植物油及蜂蜜放入缸盆中拌勻備用。
將砂糖（2）分3次加入蛋白中打發做成蛋白霜。取一部
分拌入蛋黃液中，接著拌入過篩粉類，稍微拌勻，加入
剩餘蛋白霜拌勻。
將麵糊倒入烤盤中，以180℃烤焙11分鐘至上色。
出爐置於涼架上，冷卻後以中心餡模具切成圓形備用。

## PATE SUCREE CACAO 巧克力餅

Butter 奶油　173g
Icing sugar 糖粉　150g
Almond powder 杏仁粉　30g
Salt 鹽　1g
T55 flour T55 法國傳統麵粉　150g
Cocoa powder 可可粉　50g
Bamboo charcoal 竹炭粉　10g
Egg 雞蛋　60g

奶油切成薄片冰於冷凍備用。
將純糖粉、杏仁粉、鹽、T55麵粉、可可粉及竹炭粉置
於攪拌缸中，加入奶油薄片攪拌至沙粒狀，加入雞蛋拌
成團。
麵團置於冷藏中鬆弛一晚。將麵團擀至0.2公分厚，使用
⌀12公分與⌀10公分圓形切模，切成甜甜圈形狀。
表面壓上烤焙紙及烤盤，以170℃烘烤8分鐘後即可。

## CHEESECAKE 乳酪蛋糕

Cream cheese 奶油乳酪　320g
Sugar 砂糖　160g
Cake flour 低筋麵粉　36g
Egg 雞蛋　128g
Egg yolk 蛋黃　20g
Cream 鮮奶油　216g
Lemon zest 黃檸檬皮絲　1pc

雞蛋、蛋黃及鮮奶油拌勻備用。
奶油乳酪以微波爐加熱至軟化，放入鋼盆中。
接著加入砂糖拌勻，再分三次加入作法1拌勻。
最後加入過篩粉類與黃檸檬皮絲拌勻後，於矽膠布上的
中心餡模具內，倒入230克的乳酪蛋糕麵糊。
以95℃烤焙30分鐘，冷凍。

## PINK GUAVA JELLY 紅心芭樂果凍

Pink guava 紅心芭樂　320g
Mineral water 飲用水　64g
Sugar 砂糖　60g

Fresh Pink guava puree 新鮮紅心芭樂泥　360g
Guava puree 紅心芭樂果泥　240g
Lemon juice 檸檬汁　48g
Gelatin 吉利丁片　8pcs

紅心芭樂去除外皮，放入食物調理機與飲用水及砂糖打
成粗粒狀。
過篩去除芭樂籽備用，即是紅心芭樂泥。
將紅心芭樂果泥與吉利丁片一同加熱至融化，再倒入新
鮮紅心芭樂泥、檸檬汁拌勻即可。

## COCO VANILLA MOUSSE 香草椰子慕斯

Coconut puree 椰子果泥　420g

Sugar 砂糖　80g

Egg yolk 蛋黃　56g

Vanilla pod Madagascar 馬達加斯加香草莢　1pc

Gelatin 吉利丁片　5pcs

Malibu 馬里布椰子蘭姆酒　80g

Cream 鮮奶油　600g

取一半椰子果泥與砂糖、蛋黃及香草籽一同加熱至83℃，加入吉利丁片，過篩倒入剩餘椰子果泥中拌勻。隔冰降溫，加入馬里布椰子蘭姆酒再加入打發鮮奶油拌勻備用。

## MILK GLAZE 牛奶淋面

Milk 牛奶　200g

Glucose 葡萄糖漿　150g

Cake flour 低筋麵粉　8g

Gelatin 吉利丁片　3pcs

White chocolate coloring 食用巧克力白色色粉　5g

將牛奶、葡萄糖漿及低筋麵粉一同煮滾。加入吉利丁片拌勻。

加入食用巧克力白色色粉，以手持均質機均質。冷卻備用。

## PLASTIC CHOCOLATE 塑形巧克力

32% white chocolate 32% 白巧克力　130g

White chocolate coloring 食用巧克力白色色粉　2g

Sugar 砂糖　5g

Mineral water 飲用水　5g

Glucose 葡萄糖漿　30g

將白巧克力與白色色粉一起隔水融化。

飲用水與砂糖加熱融化後加入葡萄糖漿，再加熱至45°C拌勻，倒入巧克力中拌成團。

待巧克力結晶後擀至0.2公分，切成圓形做成花及切成細條。

TO FINISH
White chocolate pearl 白巧克力脆球
Coconut powder 椰子粉

於冷凍乳酪蛋糕上方倒入175克紅心芭樂果凍，再覆蓋上戚風蛋糕，冰於冷凍。
將香草椰子慕斯擠入模具中，用湯匙沿邊把慕斯往上抹至與模具同高。
置中放入中心餡，用抹刀將慕斯抹至與模具同高，冰於冷凍。
脫模，淋上拌勻的牛奶淋面，蛋糕下半部沾上椰子粉。
再依序放上巧克力餅、塑形巧克力圈、白巧克力脆球及巧克力花。

# MELCHIOR
## 梅爾基奧

我以《聖經》中的「東方三賢」人物爲耶誕節蛋糕的發想，他們分別爲剛誕生的耶穌帶來禮物。

賢士 Melchior 爲小耶穌帶來黃金，在許多西方的神話與傳說中，黃金經常與蘋果連在一起，義大利文裡的「番茄」（Pommodoro），原意就是金色的蘋果，這讓我想以黃金與蘋果作爲這款蛋糕的主題。嬌豔欲滴的蘋果及渾圓柔亮的焦糖慕斯球，是以焦糖慕斯及焦糖蘋果凍製成，焦糖與蘋果向來是天生一對，襯上底部鬆香甜脆的達克瓦茲，帶來舒爽口感。我特別將這款蛋糕做成槲寄生花圈般的環形，以塑形巧克力所做的槲寄生葉片爲裝飾，西方有個耶誕傳說：「在槲寄生下，請互相親吻。」吃了蛋糕，就甜蜜了。

Mold：∅ 5.5cm × H5cm apple　　Interior：∅ 2cm sphere
　　　　∅ 4.5cm sphere　　　　　　　∅ 2.5cm sphere

## CHOCOLATE DACQUOISE 巧克力達克瓦茲

Pecan 胡桃　25g
Almond powder 杏仁粉　82.5g
Icing sugar 純糖粉　70g
Egg white 蛋白　100g
Sugar 砂糖　30g
100% Cocoa mass 100% 純苦巧克力　25g

蛋白置於攪拌缸中開始攪打，分三次加入砂糖打發成蛋白霜。

取一部分蛋白霜與隔水融化的100%純苦巧克力拌勻，加入剩餘蛋白霜及過篩粉類拌勻。最後再加入切碎胡桃拌勻。

使用 ∅ 17.5公分與 ∅ 9.5公分圓形模具，以糖粉標出甜甜圈形狀於矽膠布上。再沿著此形狀擠出點狀，於表面撒上純糖粉。

以165℃烤焙17分鐘。出爐以 ∅ 17.5公分圓形模具切掉多餘達克瓦茲，再置於涼架上放涼備用。

## CARAMEL APPLE 焦糖蘋果凍

Sugar 砂糖　100g
Mineral water 飲用水　200g
Butter 奶油　20g
Lemon juice 檸檬汁　30g
Fuji apple 富士蘋果　1pc

Caramelized apple 焦糖蘋果　90g
Green apple puree 青蘋果果泥　33g
Caramelized apple sauce 焦糖蘋果醬汁　33g
Sugar 砂糖　10g
Gelatin 吉利丁片　1pc

將蘋果切成1公分丁狀。

糖煮至焦糖化沖入熱水及檸檬汁，加入蘋果片、奶油，煮滾後再小火燉煮10分鐘關火過濾，即是焦糖蘋果。

將焦糖蘋果醬汁、青蘋果果泥、焦糖蘋果及泡開的吉利丁一同加熱至融化。

隔冰降溫後灌入直徑2公分及2.5公分圓模型中，置於冷凍冰硬備用。

直徑2公分使用於球狀焦糖慕斯中；直徑2.5公分使用於蘋果矽膠模中。

## CARAMEL MOUSSE 焦糖慕斯

Sugar（1）砂糖（1）　28g
Mineral water 飲用水　22g
Egg yolk 蛋黃　60g
Glucose 葡萄糖漿　100g
Sugar（2）砂糖（2）　170g
Cream（1）鮮奶油（1）　150g
Gelatin 吉利丁片　4pcs
Calvados 蘋果白蘭地　15g
Cream（2）鮮奶油（2）　540g

將砂糖（1）、飲用水及蛋黃置於鋼盆中，隔水加熱，打成沙巴雍。倒入攪拌缸中打發。

將葡萄糖漿、砂糖（2）煮至焦糖化，沖入熱鮮奶油（1），再加入吉利丁片拌勻，隔冰降溫。

焦糖醬加入蘋果白蘭地拌勻，加入打發蛋黃。最後拌入打發的鮮奶油（2）。

## CARAMEL GLAZE 焦糖淋面

Sugar 砂糖　75g
Cream 鮮奶油　81g
Neutral glaze 鏡面果膠　118g
41% milk chocolate 41% 牛奶巧克力　75g
Gelatin 吉利丁片　2pcs
Mineral water 飲用水　30g

砂糖煮至焦糖化沖入熱鮮奶油，加入吉利丁片融化，再倒入牛奶巧克力中拌勻。

將作法1倒入鏡面果膠中拌勻，加入飲用水再以手持均質機均質即可。

## MILK GLAZE 牛奶淋面

Milk 牛奶　200g
Glucose 葡萄糖漿　150g
Cake flour 低筋麵粉　8g
Gelatin 吉利丁片　3pcs
Red chocolate coloring 食用巧克力紅色色粉　4g

將牛奶、葡萄糖漿及低筋麵粉一同煮滾。加入泡開的吉利丁片拌勻。
再加入食用巧克力紅色色粉，以手持均質機均質。冷卻備用。


## PLASTIC CHOCOLATE 塑形巧克力

32% white chocolate 32%白巧克力　130g
White chocolate coloring 食用巧克力白色色粉　2g
Sugar 砂糖　5g
Mineral water 飲用水　5g
Glucose 葡萄糖漿　30g
Matcha 抹茶粉　Q/S
Gold powder 金粉　Q/S

將白巧克力與白色色粉一同隔水融化。
飲用水與砂糖加熱融化後，加入葡萄糖漿再加熱至45°C，拌勻加入巧克力中拌成團。
待塑形巧克力結晶後加入抹茶粉調色，擀至0.2公分，刷上適量金粉，以檞寄生葉模型切成葉子。


## PARMESAN STICK 帕馬森乳酪棒

Butter 奶油　70g
Icing sugar 純糖粉　20g
Egg yolk 蛋黃　20g
Milk 牛奶　10g
Cake flour 低筋麵粉　100g
Parmesan cheese powder 帕馬森乳酪粉　70g
Salt 鹽　3g
Dried cranberry 蔓越莓乾　113g

奶油切成薄片冰於冷凍備用。
將純糖粉、低筋麵粉及鹽置於攪拌缸中，加入奶油薄片攪拌至沙粒狀。
作法2加入切碎蔓越莓乾與帕馬森乳酪粉拌勻，再加入蛋黃拌成團即可。
麵團置於冷藏中鬆弛一晚。將麵團滾成細條，再分割成每段8公分。
以155°C烘烤10分鐘，至金黃上色。


## TO FINISH

White chocolate 白巧克力
Apple 蘋果
Pecan 胡桃
Gold powder 金粉
Tree branch 樹枝

將焦糖慕斯擠入蘋果模具與球型模具中，用湯匙沿邊把慕斯往上抹至與模具同高。置中放入焦糖蘋果果凍，再擠入焦糖慕斯，抹平。置於冷凍冰硬備用。
脫模，蘋果淋上牛奶淋面、焦糖慕斯球淋上焦糖淋面。
將4顆蘋果與焦糖慕斯球交錯置於巧克力達克瓦茲上。
將蘋果以挖杓挖出球狀，再沾上白巧克力，待結晶後刷上金色粉末。放置蘋果與焦糖球間。
於蘋果上方插上樹枝，再依序放上帕馬森乳酪棒與胡桃，最後再以檞寄生巧克力葉裝飾。

# BALTHAZAR
## 巴爾薩扎

傳說中，賢士 Balthasar 是位面容黝黑的年輕人，來自非洲（亦有一說是來自於阿拉伯的摩爾人），我於是聯想到「咖啡」，咖啡具有神奇的魔力、讓人上癮的特質，咖啡慕斯結合巧克力海綿蛋糕及熱帶水果果凍、焦糖香蕉，主食材在氣味上相互呼應，共同點是都來自於熱帶，外層覆上焦糖淋面及巧克力飾片，飾片上的粗糙紋路如木紋般，讓人聯想起法國耶誕節的傳統樹幹蛋糕。

蛋糕上方的巧克力飾片「麋鹿與雪橇」，有著雪中奔馳般的動感，是我用擠花的方式完成的。我很喜歡做這些小東西，記得最初我是從寫「Happy Birthday」（生日快樂）這些字開始練習的，平時製作蛋糕都要遵照主廚的配方，只有這些小裝飾，可以自己原創。我很努力練習，認真的把字寫得很漂亮，讓客人印象深刻。對我來說，那是從零開始的快樂，很單純的享受著手作的愉悅。

Mold：L30cm×W8cm×H6.5cm log　　　Interior：L30cm×W40cm×H5cm

## CHOCOLATE SPONGE 巧克力海綿蛋糕

40cm×60cm tray
Egg yolk 蛋黃　175g
Egg white（1）蛋白（1）　160g
Sugar（1）砂糖（1）　190g
Egg white（2）蛋白（2）　155g
Sugar（2）砂糖（2）　75g
Cake flour 低筋麵粉　70g
Cocoa powder 可可粉　45g

將蛋黃、蛋白（1）及砂糖（1）置於攪拌缸中打發。
將蛋白（2）與砂糖（2）置於另一個攪拌缸中打發。
取一部分作法2的蛋白霜加入作法1中，拌入一同過篩的
低筋麵粉及可可粉，稍微拌勻，再加入剩餘蛋白霜拌勻。
將麵糊倒入烤盤中抹平，以200°C烤焙10分鐘。
出爐置於涼架上，冷卻後切成30×40公分及7×30公分。

## ESPRESSO SYRUP 咖啡糖漿

Mineral water 飲用水　500g
Espresso Coffee powder 義式咖啡粉　50g

Espresso 濃縮咖啡液　300g
Instant coffee powder 即溶咖啡粉　5g

將飲用水與咖啡粉一同煮滾，悶10分鐘。過濾，即是濃
縮咖啡液。
將咖啡濃縮液與即溶咖啡粉攪拌均勻，隔冰降溫備用。

## COFFEE MOUSSE 咖啡慕斯

Milk 牛奶　120g
Espresso coffee powder 義式咖啡粉　5g
Instant coffee powder 即溶咖啡粉　18g
Egg yolk 蛋黃　60g
Sugar 砂糖　70g
Gelatin 吉利丁片　4pcs
Cream 鮮奶油　260g
Armagnac 雅馬邑白蘭地　10g

將牛奶與義式咖啡粉一同煮滾，悶10分鐘。
過濾，加入即溶咖啡粉、蛋黃及砂糖一同加熱至83℃，
加入泡開的吉利丁片。
隔冰降溫至28度，拌入打發鮮奶油及雅馬邑白蘭地拌勻。

## TROPICAL JELLY 熱帶水果果凍

Mango puree 芒果果泥　240g
Passion fruit puree 百香果果泥　60g
Egg banana puree 旦蕉果泥　120g
Gelatin 吉利丁片　4pcs
Neutral glaze 鏡面果膠　180g

將芒果果泥、百香果果泥及旦蕉果泥拌勻。
取一部分果泥與吉利丁一同加熱至融化。
將作法2倒入作法1的果泥與鏡面果膠中，拌勻備用。

## CARAMELIZED BANANA 焦糖香蕉

Banana 香蕉　400g
Brown sugar 二砂　80g

將香蕉切塊，撒上二砂。再以噴燈炙燒至焦糖化。

## MILK CHOCOLATE MOUSSE 牛奶巧克力慕斯

40% milk chocolate 40%牛奶巧克力　140g
Cream（1）鮮奶油（1）　60g
Sugar 砂糖　20g
Egg yolk 蛋黃　40g
Cream（2）鮮奶油（2）　260g
Gelatin 吉利丁片　2pcs

將鮮奶油（1）、砂糖及蛋黃一同加熱至83°C加入泡開的吉利丁片，過篩倒入牛奶巧克力中拌勻。
甘納許溫度降至28°C，拌入打發鮮奶油（2）拌勻備用。

## CARAMEL GLAZE 焦糖淋面

Sugar 砂糖　75g
Cream 鮮奶油　80g
Neutral glaze 鏡面果膠　120g
40% milk chocolate 40% 牛奶巧克力　75g
Gelatin 吉利丁片　2pcs
Mineral water 飲用水　30g

砂糖煮至焦糖化沖入加熱後的鮮奶油，加入泡開的吉利丁片融化，再倒入牛奶巧克力中拌勻。
將作法1倒入鏡面果膠中，拌勻加入飲用水，再以手持均質機均質即可。

## TO FINISH

Chocolate decoration 巧克力飾片

將巧克力海綿蛋糕切成30公分×40公分大小，置於中心餡模具底部，刷上180克咖啡糖漿。
於上方倒入一半份量的咖啡慕斯，均勻鋪上焦糖香蕉，再倒入剩餘咖啡慕斯抹平，冷凍。
接著倒上熱帶水果果凍，冷凍。
脫模，切成5.5公分×30公分長條。
將牛奶巧克力慕斯倒入模具至2/3高，將中心餡置於中央，再倒入剩餘牛奶巧克力慕斯與模具同高。覆蓋上7公分×30公分巧克力海綿蛋糕，再刷上30克咖啡糖漿於蛋糕上，冷凍冰硬備用。
脫模，淋上焦糖淋面。最後以巧克力飾片裝飾。

# CASPER
## 卡斯柏

傳說中的賢士 Casper 是位銀髮長者，這讓我聯想到大人小孩都熟悉的「聖誕老公公」（Santa Claus），紅與白的配色，暗示著聖誕老公公的服裝，也帶著濃厚的節慶氣味。一切開，繽紛的剖面是另一個驚喜，草莓慕斯、草莓大黃果凍、熱內亞海綿蛋糕、覆盆子奶油霜、牛奶慕斯、牛奶淋面，層疊出歡樂燦爛的色彩，我使用了大量的莓果與鮮奶油、奶油，滿口的酸甜濃烈，喜上眉梢。點綴在蛋糕上的白巧克力球，暗示著老公公帽子上的小白球，提醒著我永遠不要忘記兒時的單純與喜悅。

Mold：∅ 18cm×H4.5cm　　Interior：∅ 15cm×H5cm ring

## GENOISE 熱內亞海綿蛋糕

40cm×60cm tray
Egg 雞蛋　440g
Sugar 砂糖　240g
T55 flour T55法國傳統麵粉　240g
Butter 奶油　80g

將雞蛋置於攪拌缸中開始打發，並分3次加入砂糖，打發完成雞蛋糊備用。
取部分雞蛋糊與融化奶油拌勻。
將作法1的剩餘雞蛋糊分次加入過篩T55麵粉與作法2奶油雞蛋糊，攪拌均勻。
將麵糊倒入烤盤中抹平，以190°C烤焙10分鐘。
出爐置於涼架上，冷卻後以中心餡模具切成圓形用。

## MILKY MOUSSE 牛奶慕斯

Cream 鮮奶油　800g
Glucose powder 葡萄糖粉　192g
Gelatin 吉利丁片　4pcs
Condensed milk 煉乳　64g

取一半鮮奶油、葡萄糖粉、煉乳與吉利丁片一同加熱至融化。
再倒入剩餘鮮奶油，以手持均質機拌勻。置於冷藏靜置隔夜備用。

## RASPBERRY BUTTER CREAM 覆盆子奶油霜

Egg white 蛋白　80g
Sugar 砂糖　80g
Mineral water 飲用水　26g
Butter 奶油　160g
Freeze dried raspberry 冷凍乾燥覆盆子　30g

將蛋白置於攪拌缸中開始攪拌，砂糖與飲用水煮至118°C沖入蛋白中打發。
分次加入奶油薄片拌勻。
再加入冷凍乾燥覆盆子拌勻。

## STRAWBERRY RHUBARB JELLY 草莓大黃果凍

IQF strawberry 冷凍草莓粒　500g
IQF rhubarb 冷凍大黃根　240g
Sugar 砂糖　150g
Lemon juice 檸檬汁　36g
Elderflower syrup 接骨木糖漿　40g
Gelatin 吉利丁片　3.5pcs

將冷凍草莓、冷凍大黃根及砂糖拌勻，置於室溫靜置隔夜。
隔天，將果汁與果肉過篩，將果汁煮至105°C再加入過篩果肉，煮滾後，小火燉煮5分鐘，熬煮過程中，需撈出多餘的泡沫。
離火後加入檸檬汁、接骨木糖漿及吉利丁片拌勻即可。

## STRAWBERRY MOUSSE 草莓慕斯

32% white chocolate 32%白巧克力　175g
Strawberry puree 草莓果泥　60g
Raspberry puree 覆盆子果泥　20g
Sugar 砂糖　7g
Egg yolk 蛋黃　11g
Gelatin 吉利丁片　1pc
Cream 鮮奶油　290g
Strawberry liqueur 草莓利口酒　15g

將草莓果泥、覆盆子果泥、砂糖及蛋黃一同加熱至83°C後加入吉利丁片，過篩倒入白巧克力中拌勻。
甘納許溫度降至28°C加入打發鮮奶油拌勻，再加入草莓利口酒一同拌勻。

## WHITE PAINT 白巧克力噴面

32% white chocolate 32%白巧克力　100g
Cocoa butter 可可脂　100g
White chocolate coloring 食用巧克力白色色粉　10g

先將白巧克力與白色色粉隔水融化。
再將可可脂隔水加熱融化，倒入白巧克力中以均質機打勻備用。
均勻噴灑於裝飾用的白巧克力球上。

## SNOW FLAKE COOKIE 雪花餅乾

Butter 奶油　240g
Icing sugar 純糖粉　160g
T55 flour　T55法國傳統麵粉　400g
Almond powder 杏仁粉　60g
Salt 鹽　4g
Egg 雞蛋　80g

奶油切成薄片冰於冷凍備用。
將純糖粉、T55麵粉、杏仁粉及鹽置於攪拌缸中，加入奶油薄片攪拌至沙粒狀，再加入雞蛋拌成團即可。
麵團置於冷藏中鬆弛一晚。將麵團擀至0.2公分厚，再以餅乾切模切成雪花形狀。
以170°C烤焙8分鐘至金黃上色。

## MILK GLAZE 牛奶淋面

Milk 牛奶　200g
Glucose 葡萄糖漿　150g
Cake flour 低筋麵粉　8g
Gelatin 吉利丁片　3pcs
Red chocolate coloring 食用巧克力紅色色粉　4g

將牛奶、葡萄糖漿及低筋麵粉一同煮滾，加入吉利丁片拌勻。
再加入食用巧克力紅色色粉，以手持均質機均質。冷卻備用。

## TO FINISH

White chocolate pearl 白巧克力脆球
Gold powder 金粉
White chocolate ball 白巧克力球
White chocolate belt 白巧克力腰帶

將100克草莓慕斯倒入中心餡慕斯圈中，置於冷凍冰硬。再倒入250克草莓大黃果凍於上方。
將海綿蛋糕橫切成一半，中間擠上55克覆盆子奶油霜抹平，放置於草莓大黃果凍上方。冷凍冰硬備用。
牛奶慕斯打發，於外圈模具中擠入260克，用湯匙沿邊把慕斯往上抹至與模具同高。
置中放入作法2中心餡，稍微旋轉入模與模具同高。
用抹刀將牛奶慕斯抹至與模具同高，冷凍。
脫模，淋上牛奶淋面。最後以雪花餅乾、白巧克力脆球、白巧克力球及腰帶裝飾。

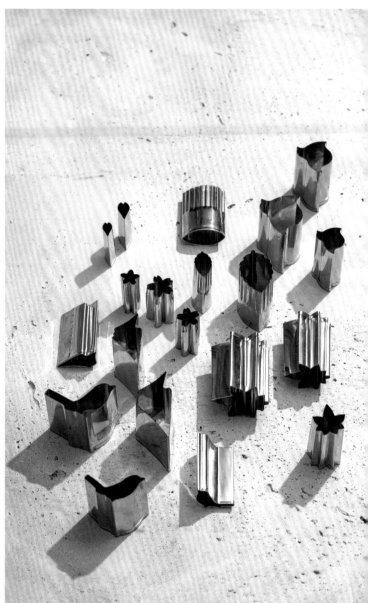

PLATED DESSERT
KYOTO ARASHIYAMA

CHINESE DESSERT

WAGASHI

TWIST DESSERT

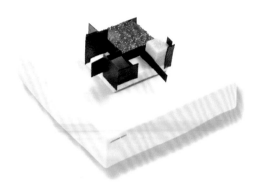 

ISHINOMAKI

EXPERIMENTAL DESSERT

PETIT FOUR

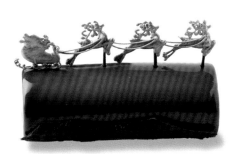

# 謝誌

2017年秋，稻穀豐收的時節，我初訪台東，行車經過小村莊時，我忽然沒由來地與妻子分享我思索許久的想法「妳覺得，我能出版自己的食譜書嗎？」，她想了一會兒說「當然可以，你是如此的才華洋溢。」太棒了，她正面的回應鼓舞了我，同時我感到幸福有個信任我的妻子。

自三年前的對話以後，我得到了無數的支持，鼓勵和幫助，共同成就了這本書。我想感謝這些出色的人，他們幫助我完成了這項任務。

首先，感謝嵐舒主廚給了我機會來台灣，並以完整的設備和團隊，支持我創作的自由。沒有你對糕點的愛與深刻理解，本書與我都無法存在。我深深地感激曾經做為樂沐餐廳的甜點主廚。

謝謝我的廚房團隊：Yolanda 與 Train，如果沒有你們真誠的執行，這一切永遠不會發生。廚房裡的夥伴來來去去，你們一直跟隨著我，並維持我所要求的品質，你們是真正的英雄，我要向你們致上謝意，並祝願你們未來的職業生涯。

我也想感謝林屋商店的老闆 Ken，身為最初理解我創作的其中一個人，介紹我認識傑出的工藝藝術家，使用他們的餐盤讓我的甜點更加耀眼。

作家惠玲，你總悉心地聆聽我不完美的文字說明，你的耐心與智慧將碎片般的故事完整詮釋，譜成一首動人的樂曲，是你精巧的用字串成了這本書。

志潭的專業攝影是本書另一個亮點，你對光的了解與想像力是不可思議的，你的專業展現了藝術之作，這些成果讓我無比激動且驚喜，很榮幸能和你一起工作。

總編輯貝羚與編輯忠恬，謝謝妳們沒有放棄，使我夢想成真。〈好吃〉雜誌是我在台灣接受的早期採訪，自此後，我信念堅定地想要再與妳們一起工作，沒有妳們不懈的努力，這本書無法發行。

最重要的，我要感謝我親愛的妻子與靈魂伴侶 Kate。沒有妳，我無法走到現在這裡。做為兩個男孩的母親白天沒有空檔，總是在孩子睡著後開始工作，時常在電腦前直到拂曉。言語無法表達我的感謝，更無法描述我對妳的感受，妳是我的一切，直到永遠。

# Acknowledgements

Autumn of 2017, rice harvesting season, we were visiting Taitung for the first time. I was slowly driving through a small farming village, when I suddenly felt the urge to share with my wife an idea that I had been pondering "Do you think I can publish my own cookbook?"

She thought about it for but a short moment and said "Yes, you are talented!"

Great I though, encouraged by that positive response and feeling blessed I had a wife and friend who trusted in me.
Since that conversation three years ago, I have received a countless amount of support, encouragement, and help to make this cookbook come together. I would like to acknowledge these wonderful individuals who were instrumental in helping me accomplish this task.

First, I would like to thank Chef Lanshu for giving me the opportunity to come to Taiwan as the pastry chef of Le Moût Restaurant.
Dear Lanshu, you gave me the freedom of experimenting on my own creations and provided the needed equipment and staff. Without your deep understanding and love of pastry, this book would not exist right here right now. I was grateful to be pastry chef of Le Moût Restaurant.

Many thanks to my kitchen team: Yolanda and Train. This endeavor would never have happened without you guys.
Thank you for your support and sincere work. Through various staff going in and out of my kitchen, you are the ones that followed me and maintained the quality I demanded. You are the real heroes, and the first people I want to give my gratitude and wishes of success to your future professional careers.

Thank you, Ken San, gallery owner of 林屋商店. You were one of very first individuals to understand my creations, introduce me to skilled artists of magnificent handcraft works, and help me use their bespoke plates to pair with my desserts bringing my creations to a whole new level.

Thank you, writer Hui-Lin for carefully listening to my imperfect explanation of words. Your patience and wisdom transformed my unconnected dots of stories and anecdotes to one complete beautiful ballad, your brilliant choice of words magically bind this book together.

Thank you TanTan, your professional photography is another highlight of this book. Your imagination and deep understanding of light is simply magical, and your expertise shows through your art. Thank you for the breathtaking pictures and unexpected surprises throughout this project, it was pleasure working with you.

Chief editor Bey-Ling and editor TienTien, thank you for not giving up on my dream to make this happen, from my very first interview for the Haotsu magazine article in Taiwan, I had strong confidence I wanted to work with you again. Without your tireless dedication we never would have reached the final print.

Most of all I want to thank my loving wife and soul mate, Kate.
I would not have made it this far ahead here right now without you, the mother of our two sons, with no time during the day, tirelessly working on this project in front of the computer long after the after kids were put to bed, often until the early hours of the morning.
There are not enough words in the whole world to express how grateful I am that you exist much less to describe how I feel about you; you are my everything and always.

# akeruE：
# 平塚牧人的72道甜點工藝

作者　平塚牧人 Makito Hiratsuka
特約攝影　Arko Studio 林志潭
場景設計　許尹齡
藝術指導　馮宇（IF OFFICE）
封面設計　徐瑜琪
特約主編　馮忠恬
採訪撰文　游惠玲
編輯協力　方嘉鈴
食譜協力　鄧又慈
甜點製作協力　鄧又慈、戴峻弘
校對　鄧又慈、曹羽君
特別感謝　何芳儀


發行人　何飛鵬
事業群總經理　李淑霞
社長　張淑貞
總編輯　許貝羚
行銷企劃　洪雅珊
出版　城邦文化事業股份有限公司 麥浩斯出版
地址　104台北市民生東路二段141號8樓
電話　02-2500-7578
傳眞　02-2500-1915
購書專線　0800-020-299


發行　英屬蓋曼群島商家庭傳媒股份有限公司城邦分公司
地址　104台北市民生東路二段141號2樓
電話　02-2500-0888
讀者服務電話　0800-020-299（9:30AM~12:00PM；01:30PM~05:00PM）
讀者服務傳眞　02-2517-0999
讀者服務信箱　csc@cite.com.tw
劃撥帳號　19833516
戶名　英屬蓋曼群島商家庭傳媒股份有限公司城邦分公司

香港發行　城邦〈香港〉出版集團有限公司
地址　香港灣仔駱克道193號東超商業中心1樓
電話　852-2508-6231
傳眞　852-2578-9337
Email　hkcite@biznetvigator.com

馬新發行　城邦〈馬新〉出版集團Cite(M) Sdn Bhd
地址　41, Jalan Radin Anum, Bandar Baru Sri Petaling,57000 Kuala Lumpur, Malaysia.
電話　603-9057-8822
傳眞　603-9057-6622

製版印刷　凱林彩印股份有限公司
總經銷　聯合發行股份有限公司
地址　新北市新店區寶橋路235巷6弄6號2樓
電話　02-2917-8022
傳眞　02-2915-6275

版次　初版3刷2022年2月
定價　新台幣1680元 / 港幣560元

國家圖書館出版品預行編目(CIP)資料

akeruE：平塚牧人的72道甜點工藝 / 平塚牧人著. -- 初
版. -- 臺北市：麥浩斯出版：家庭傳媒城邦分公司發行，
2021.03,　面；　公分
ISBN 978-986-408-584-2(精裝)
1.點心食譜

427.16　　109002008